메이크업 디자이너를 위한

마뀌아쥬 예술

5th Edition

한명숙 著

L'Art du Maquillage

Chung-Ku Publishing CO.,

L' Art du Maquillage

마뀌아쥬 예술

L'Art du Maquillage

이 책을 내면서

21세기 문화 산업의 발전과 함께 메이크업 분야는 뷰티산업 뿐만 아니라 패션, 광고, 방송, 연극영화, 이벤트산업, 공연예술 등 다양한 분야에서 요구되는 예술의 한 장르로 발전하고 있다.

메이크업이 독립된 예술의 한 분야로 자리매김 한지 10여년을 넘기고 있는 현시점에서 볼때, 짧은 기간동안 메이크업 분야는 관련 종사자들의 꾸준한 노력으로 급성장을 거듭해 왔으며, 그 결과 일상생활의 미를 추구하는 수준을 벗어나 대학에서 정규과정으로 채택되어 이론적인 연구단계로까지 발전하였고, 최근에는 대학원에 전공과정이 개설되는 등 사회 및 학계 전반의 관심을 받고 있다. 이에 따라 메이크업 디자이너에게는 인체연출가로써 갖추어야 할 창조적이고 과학적이며 계획적인 작업이 더욱 더 절실히 요구되고 있다.

이에 마뀌아쥬 예술의 구성은 메이크업 디자이너로써 기초지식을 이해하기 위한 메이크업의 역사, 골격과 골상, 색에 대한 이해, 얼굴의 황금비율, 이미지 연구, 작업방법의 분류 등 기본적인 사항과 여러환경에 따른 응용 메이크업, 시대별 메이크업, 포토폴리오, 무대분장의 실제 등을 통하여 표준적인 메이크업 방식을 시간, 장소, 주제에 적합한 응용 메이크업으로 기술하였다.

아직은 부족함이 많지만, 이 작은 책자가 메이크업 아티스트와 인체연출가들의 창작활동에 도움이 되고 학생들의 기초적인 학습자료로 활용되기를 바란다.

만 1년이라는 짧은 기간만에 미흡하게나마 보충된 개정판을 내게 되어 기쁘고 행복하다. 앞으로도 지속적으로 학계의 조언과 충고를 받아들여 수정 · 보완된 지면을 보여드릴 것을 약속드리며, 배전의 애정과 성원을 부탁드린다.

끝으로 이 개정판이 나오기까지 아낌없이 격려해 주신 주위의 많은 분들과 협조를 아끼지 않으신 도서출판 청구문화사 이상태 사장님께 깊은 감사의 뜻을 전한다.

2011년 2월 10일

저자 드림

CONT

E N T S

Ⅰ. 메이크업의 기원

1. 메이크업의 정의

2. 메이크업의 기원

THE MAKE-UP ERA

1. 메이크업(make-up)의 정의

영어의 메이크업(make-up)은 페인팅(painting), 토일렛(toilet), 드레싱(dressing) 또는 프랑스어의 마뀌아쥬(maquillage) 등으로 표현한다.

현재 우리가 보통 메이크업이라고 하는 화장 형태의 호칭은 미국의 헐리우드 전성기 때부터 기인하는데, 17세기 초 영국의 시인 리챠드 크랏슈(Richard Crashou)가 여성의 매력을 높여 주는 화장을 뜻하는 용어로 처음 사용하였다. 그러나 이보다 앞선 16C 세익스피어의 희곡 속에 "페인팅(painting)"이라는 용어가 등장하였다.

이는 당시의 백납분에 색상과 향료를 섞은 것을 얼굴에 화장하는 행위를 말하는 것으로 16세기의 이탈리아에서 전래된 짙은 화장을 가리키는 말이었다. 16~17세기를 통하여 연백을 원료로 만든 분을 "페인트(paint)"라고 불렀고 그 후에 백납분에 색상과 향료를 섞어 만든 다채로운 안료로 얼굴에 색칠하는 것을 "페인팅(painting)"이라 하였다.

프랑스어인 "마뀌아쥬(maquillage)"는 원래 분장을 뜻하는 연극용어였으며 "투알레트(toilette)"는 1510년경 영국에 전해져 "토일렛(toilet)"으로 변한 말로서 화장을 포함한 치장 전반을 가리키는 용어로 사용하였다.

현대에 이르러 메이크업은 "주제에 따라 여러 기법으로 재료 등에 구속받지 않고 인간의 육체에 새로움을 추구하여 인체를 디자인 한다"는 뜻으로 그 방법이 다양하며 눈, 코, 입의 형태뿐만 아니라 새로운 시점에서 내적 정신과 외적 감각으로 창조하는 것으로 정의하고 있다.

메이크업은 무대 화장과 보통 사람이 하는 화장과는 기본적으로 다른 점은 없다. 있다고 한다면 무대화장은 연극 시작 전에 화장되어져(차려진다고 한다) 그 등장 인물다운 전형의 얼굴이 되고, 연극이 끝난 후에는 제거되는 단시간의 것이라는 점이다.
연극에서 분장은 그 형태로서 인물을 나타내는 시각언어의 성질을 가지고 있는데,
"기호"로서의 화장은 사실적인 현대극에는 조금도 영향을 주지 않고 있다.
오히려 보통의 사람들 사이에서 "주장이 있는 화장"으로서 여러가지 모양이 생겨나고 있다. "연극"이라고 하는 것이 시대를 반영하는 거울이라면 "화장"이라고 하는 가면을 쓴 배우들의 표정은 결국 지금 살아가고 있는 우리들의 얼굴이라고 하는 것이 된다(1990. 디자인 · 공예대사전 p239).

2. 메이크업의 기원

인간은 왜 메이크업을 하는가? 이러한 의문들은 오랜 세월 동안 사회학자나 심리학자의 연구 대상이었으며 이에 대한 몇 가지 설은 다음과 같다.

문신한 얼굴

1) 미화설

자신을 아름답게 보이려는 욕망은 타인과의 사이에서 자신의 우월성을 두드러지게 나타내려는 인간의 생태적 본능 중의 하나로 이를 표현하고자 메이크업을 하게 되었다고 보는 견해이다.

태고적부터 인간은 본능적으로 신체의 아름다운 부분은 돋보이도록 하고 일부의 약점이나 추한 부분은 수정 혹은 위장하여 타인에게 좀 더 아름답게 보이고, 더 나아가서는 타인들로 하여금 미의 위엄 앞에 굴복하기를 희망했다.

2) 보호설

원시인류가 몸에 상흔(scarring)과 문신(tattooing)을 한 것은 적을 공포감에 몰아넣기 위해, 또는 악마로부터 자신을 보호하기 위한 수단으로 사용하였다. 즉 인간이 자기 자신을 어떤 종류의 위험으로부터 심리적, 물리적으로 자신을 보호하기 위한 수단으로 메이크업을 하였다는 견해에서 나온 설이다.

몇 가지 예를 제시하여 설명하자면 이집트의 여인이 눈을 짙게 화장한 것은 바람이나 모래, 곤충, 태양 빛으로부터 눈을 보호하기 위한 것이었다. 또한 1800년대의 여인이 백납분을 사용한 이유는 가스등이나 촛불의 그을음으로부터 피부의 산화를 방지하기 위한 것이며 아울러 한낮의 태양으로부터 흰 피부를 보호하기 위한 것이었다.

위장한 신체

3) 위장설

고대인들은 새의 깃털이나 부리, 짐승의 뿔, 또는 식물성 색소 등을 이용하여 얼굴이나 신체를 위장함으로써 전쟁 또는 사냥에서 승리로 이끌고자 메이크업을 행하였다고 보는 견해가 지배적이다.

현재에도 전쟁 또는 작전 중에는 주위의 환경을 고려한 군복의 문양과 색상을 이용하거나 얼굴을 눈에 띄지 않도록 분장함으로써 신체를 위장하는 경향이 있다.

신분표시의 메이크 업

4) 신분표시설

아프리카 민족간에 행하여지는 특이한 헤어스타일, 귀걸이, 코걸이, 팔찌 등은 미를 나타내기보다는 계급이나 신분, 부족을 나타내기 위한 형태이다. 이러한 신분, 계급, 종족, 남녀 성별을 구별하기 위한 목적으로 메이크업이 시작되었다고 보는 견해이다.

절대자는 자신의 위엄을 갖추기 위해 얼굴이나 신체의 일부를 붉은 색이나 백납, 식물성 색소에서 채취한 여러 가지 색채로 채색하여 민중 위에 군림하는 방편으로 이용했다.

장식한 얼굴

5) 장식설

옷을 입기 시작하기 이전의 원시시대에는 나체 상태에서 피부에 직접 회화, 조각, 문신을 새겨 자신의 우월성을 표현하였는데 이러한 형태가 오늘날의 메이크업으로 향하는 첫걸음이 되었다는 견해이다. 즉 생존 경쟁으로부터 승리한 원시의 투사가 그의 부족에게로 돌아갔을 때 자신의 신체에 남아 있는 승리의 상처와 얼룩진 피는 감탄과 존경의 대상이 되고, 용맹의 상징이기도 했다.

그 이후 자연스럽게 표식이나 장식을 하려는 욕망이 원시의 지배자들로부터 시작되었으며, 다채로운 색채의 진흙을 사용하여 얼굴, 머리 등 전신에 바르기 시작했다.

이러한 원시적 방법의 장식은 원시시대에 국한된 것은 아니며, 정복자가 피정복자에 대해서 예속을 과시하기 위한 형식으로 지금도 아메리카 인디언(America Indian)이나 아프리카(Africa) 콩고(Congo)의 마요고(Mayogo)족들 사회에서는 성행하고 있다.

II. 메이크업의 역사

1. 한국메이크업의 변천

1) 상고시대
2) 고조선시대
3) 삼국시대
4) 고려시대
5) 조선시대
6) 근대개화기

2. 서양메이크업의 변천

1) 이집트시대
2) 그리스 · 로마시대
3) 15c 르네상스시대
4) 16c 엘리자베스시대
5) 17c 바로크시대
6) 18c 로코코시대
7) 19c 근대(부흥)시대
8) 20c 현대

HISTORY OF MAKE-UP

1. 한국 메이크업의 변천

1) 상고시대(上古時代)

구석기 시대 채집과 사냥을 주로 했던 관계로 동물 가죽, 식물의 잎, 줄기 등을 장신구로 치장하고 청동기 시대의 동물뼈, 비녀 등이 출토되는 것으로 보아 한국의 조상들은 오래전부터 화장을 했다고 추정할 수 있다.

고대인의 피부미용으로는 동북방 지역에 거주했던 읍루인들이 돼지기름을 피부 노출 부위에 발라 추위를 이겨내고 동상 예방에 사용했다고 후한서에 기록이 있으며 말갈인들이 미백효과를 위해 인뇨로 세안을 했다고 전해진다.

2) 고조선시대(古朝鮮時代)

단군신화(檀君神話)에 의하면 환웅이 곰과 호랑이에게 100일 동안 햇빛을 보지 않고 쑥과 마늘을 먹게 하였다. 쑥과 마늘은 민간에서 널리 행해진 미용처방으로 쑥을 달인 물에 목욕을 하고 마늘을 찧어 꿀과 함께 얼굴에 바르면 기미, 주근깨, 잡티제거와 미백에 상당한 효과가 있는 것으로 여겨지며 햇빛을 보지 않으면 흰 피부를 가질 수 있었으므로 그 당시 여성들의 미(美)의 기준은 흰 피부를 유지하는 것으로 생각된다.

낙랑시대의 유물 중 채화칠협에 나타난 인물상을 보면 머리가 정돈되어 있고 이마를 넓히기 위해 머리털을 뽑은 흔적이 뚜렷하고 눈썹이 굵고 진하게 그려져 있다. 이와 같은 여러 사례를 볼 때 한반도 주변 거주민들은 피부보호와 피부미용에 큰 관심을 가졌다고 추정할 수 있다.

채화칠협
대나무 껍질을 이용하여 만든 길이 39㎝, 너비 18㎝, 높이 17㎝ 정도의 상자로, 주 · 적 · 황 · 녹색 등을 사용한 각종 문양과 100여 명의 인물화가 그려져 있다.

3) 삼국시대(三國時代)

① 고구려시대(高句麗時代)

고구려 사람들은 남 · 여 모두 깨끗한 옷을 입기를 좋아하였으며 밤이면 남 · 여가 여럿이 모여 배우놀이와 음악을 즐겼다. 신분과 직업에 따라 각기 달리 치장했으며 삼국사기에 무녀와 악공이 연지화장을 한 사실이 기록되어 있다. 서기 5~6세기경 수산리 고분벽화 귀부인상을 보면 머리에 관을 쓰고 있고 뺨과 입술이 연지로 단장되어 있다. 쌍용총 고분벽화의 여인상도 동그란 얼굴에 뺨과 입술에 연지로 화장되어 있다.

② 백제시대(百濟時代)

백제 사람의 화장품과 화장술에 대해 구체적인 내용을 밝힌 기록은 거의 없다. 중국 문헌에 나타난 것을 보면 백제인들의 화장 경향은 시분무주(분을 바르는데 연지는 바르지 않았다)라고 기록되어 있는 것으로 보아 엷고 은은하고 세련된 화장을 즐겼음을 알 수 있다. 일본 옛 문헌을 보면 일본인은 화장품도 만들 줄 모르고 화장술도 몰랐으나 백제로부터 화장품 제조기술과 화장기술을 익혀 비로소 화장했다는 기록이 있다. 이를 미루어 보아 백제의 화장문화는 일본에 영향을 주었음을 알 수 있다.

③ 신라시대(新羅時代)

신라시대에는 영육일치(아름다운 육체에 아름다운 정신이 깃든다)의 영향으로 남 · 여 모두 자신의 외모와 미에 관심이 높았다. 삼국유사의 기록에 의하면 신라의 시조 박혁거세는 아름다운 남자였으며 그의 왕비는 빼어난 미녀였다. 두 사람의 일화는 한국인이 어느 민족보다도 일찍이 아름다움을 숭상하고 추구하였음을 증명하는 것이다. 불교의 전래는 화장과 화장품의 발달에 커다란 영향을 끼쳤는데 목욕재계(沐浴齋戒)나 향사용 등이 대표적이다. 신라에서 일찍이 백분과 같은 화장품이 제조되었고 화장이 행하여 졌다.

동백이나 아주까리 기름으로 머리손질을 하였고 분꽃씨 가루나 활석가루 등으로 분을 만들어 물에 개어 얼굴에 발랐다. 그리고 나무재를 개어 눈썹을 그렸다.

고구려 수산리 고분벽화
귀부인의 뺨과 입술이 연지로 화장되어 있다.

고구려의 쌍영총 고분벽화
여관(女官)의 시녀이며, 뺨과 입술에 연지로 화장이 되어 있다.

4) 고려시대(高麗時代)

고려의 태조 왕건은 신라의 문화를 그대로 계승 발전시킴으로 화장문화도 전승되었다. 그 결과 고려의 화장 문화는 외형상 사치스러워지고, 내면으로는 탐미주의 색채가 농후해 졌다. 고려시대에는 화장이 이원화 되었는데 여성의 신분과 직업에 따라 분대화장(짙은 화장)과 비분대화장(옅은 화장)으로 나누어진다. 분대화장은 기생중심의 화장으로 분을 도포한 듯이 하얗게 바르고 눈썹을 가늘게 다듬어 또렷하게 그렸으며 머릿기름은 반질거릴 정도로 바르는 것이 특징이다. 비분대화장은 여염집 여성들의 화장으로 기생으로 오해받지 않으려고 분대화장을 기피하였다. 서긍의 〈고려도경〉에 고려 귀부인의 화장에 대하여 향유를 바르는 것을 좋아하지 않고 분을 바르되 연지를 바르지 않았다는 내용이다. 눈썹은 넓게 그리고 비단향낭을 지녔다고 기록한 것으로 보아 기녀들의 세련되고 짙은 화장에 대조되는 귀부인들은 은은하고 우아한 멋을 내는 화장을 즐겼다.

고려후기 귀족여인들
경남 밀양시 소재 석실벽화

주악선녀
12-13세기경 고려벽화

5) 조선시대(朝鮮時代)

조선시대 유교적 도덕관념과 남성중심의 가부장적 사상으로 고려시대의 사치와 퇴폐풍조에 대한 반작용으로 화장에 대해 여러 차례 금지령을 내린바 있다. 분대화장을 기피하고 한국인의 고유 미의식인 신체가 청결해야 마음도 청결하다는 사상 즉 내면의 미와 외면의 미가 동일하다는 사상으로 바뀌었다. 그러나 단정한 몸가짐과 청결한 신체를 위해 아침, 저녁으로 세수를 하고 빗질하였으며 외출했다가 돌아온 뒤에는 반드시 손발을 씻었으며 몸 청결을 위해 목욕문화가 발달되었다. 화장은 얼굴에 눈썹을 그리고 연지를 그리되 본래의 생김새를 바꾸지 않는 범위에서 자연스럽고 아름답게 가꾸도록 하였으며 화장한 모습보다 확연하게 달라 보이면 야용이라 하여 경멸하였다. 조선시대 색조 화장은 백색피부의 분화장과 눈썹화장, 연지 등이 있다. 분화장은 아침에 꿀을 발라 각질을 벗겨낸 후 했으며 사대부 여인들은 복숭아 색의 분을 사용해 흰 분을 바른 기녀들과 구분되고자 하였다. 눈썹 화장은 눈썹 숱과 길이를 적당히 다듬어, 버들잎 모양으로 둥글고 자연스럽게 그리는 것이 유행하였다. 연지는 입술, 양 볼과 이마에 사용하였으며 입술은 일본의 가부끼 화장처럼 입술 끝에만 빨갛게 발랐으며, 혼례식 때 양 볼에 연지, 이마에 곤지를 찍었다.

하연부인상
조선시대의 최고의 여인상

신윤복의 미인도
조선시대 남자들이 예찬한 미인상

6) 근대 개화기(近代開化期)

근대 개화기에는 신식 화장품과 신식화장법이 도입되면서 화장문화의 또 다른 국면을 맞이한다. 신식화장법이 유행하면서 입술 연지색이 짙어지고 향수와 비누의 향내가 강해졌다. 종래의 쪽진 머리는 퍼머 머리로 바뀌고 치마와 소매의 길이가 짧아졌다. 뾰족구두와 양산을 받친 신여성이 등장하였다. 신식여성의 화장과 옷차림은 기생 및 접대부들에게 먼저 유행되었고, 일부 신여성의 자유연애 예찬을 비난한 여염집여성들은 직업여성들과 더욱 구분 지으려고 화장을 기피하는 현상이 일어났다. 특히 이 시대에 있어서 유행하는 것은 일종의 문화적 특권에서부터 비롯되었으며, 유행이란 전통사회에 대한 이질적인 문화를 접목하는 과정에서 나타났다. 따라서 조선시대에서 어느 정도 일탈적인 사회에서 행동양식을 가질 수 있는 사람이어야 받아들일 수 있는 부분이었다.

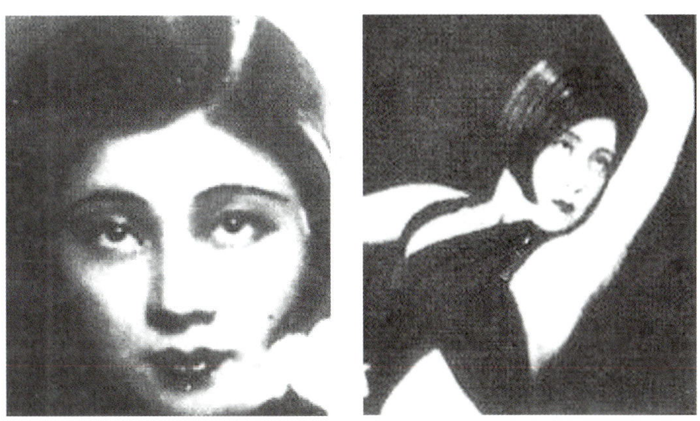

현대 무용수 최승희
단발머리와 서양의 메이크업을 한 개화기 대표적인 신여성

2. 서양 메이크업의 변천

1) 이집트시대

세계 4대문명의 하나인 고대 이집트 문명이 시작된 것은 기원전 3,000년경이며, 나일강을 중심으로 탄생한 이집트 문명은 불후의 역사적 유산을 인류에게 남겼다.

이집트인들은 사후세계의 존재를 믿어 사후세계로 가는 여로에 선 사자(死者)에게는 저승세계의 필수품을 모두 제공하는 종교상의 신앙이 있었다. 왕이나 신분이 높은 귀족들은 의장, 보석류, 화장품, 가구 등 일상의 사치스런 생활을 그대로 갖추어 지하 깊숙이 매장되었다.

유럽의 고고유적 발굴장에서는 후기 구석기시대에 사용되었던 것으로 보이는 문신 기구와 기구들 옆에서 문신 같아 보이는 문양이 새겨진 점토와 돌 입상들이 늘 함께 놓여 있었다.

고대 이집트인의 화장법은 메이크업의 역사에 있어서 중요한 의미를 가진다. 고대 이집트 문화의 대부분이 그들의 종교와 관련하여 발달하였듯 이시기의 화장은 미를 위한 장식의 욕구 보다는 주로 종교의식과 밀접한 관련을 맺으면서 이루어졌다.

고대 이집트인의 눈 화장술은 원래 바람이나 곤충, 모래, 강렬한 태양광선으로부터 눈을 보호하기 위해 눈가에 칠하던 것이 점차 미적표현으로 확대되었다. 이집트인은 이 당시부터 맬라카이트(malachite,청동•靑銅)를 원료로 초록색 계통의 색들을 다양하게 만들 수 있었다.

초록색 염료인 맬라카이트(malachite)와 공작석의 가루를 이용하여 녹색 테를 그리거나 안티모니(antiony)로 만든 코울(kohl)의 검정색으로 눈을 강조하였다.

눈썹은 코올(kohl)을 이용해 광대뼈 쪽으로 꺽인 형태로 문신한 듯이 굵고 진하게 그렸다. 아이섀도우(eye shadow)는 푸른색, 녹색, 엷은 녹청색의 아이섀도우를 사용하여 눈을 강조하였다. 아이라이너는 검은 화장먹(kohl)으로 그려줌으로써 눈을 강조하여 눈을 크게 만들고 눈의 양쪽 끝으로 그 모양을 확대했다. 이집트 대부분의 그림, 조각, 벽화에서 볼 수 있는 아이라인(eye line)기법은 검정색, 회색, 녹색, 청색 등의 코올(kohl)을 사용하여 눈꼬리 부분에 물고기 꼬리 모양을 그렸다. 볼과 입술은 붉은 진흙의 고운 가루로 채색했을 뿐만 아니라 손톱, 손바닥, 발바닥 등을 헤나(hena)라는 약초 꽃을 이용하여 적동색으로 물을 들이기도 했다.

이집트인들은 더운 기후와 종교적인 의식, 청결을 목적으로 머리카락을 짧게 자르거나 밀어 가발과 같은 머리쓰개를 고안해냈다. 가발재료로는 린넨이나 양털, 종려나무를 이용하였다. 이집트 초기의 가발은 각이 지고 단발형이었던 것이 후기에 갈수록 폭이 넓어지고 길이가 길어졌다. 대부분 여성들은 머리를 중앙에서 나누고 보브스타일의 가발을 사용하였다. 여자의 가발은 남자 가발보다 보통 길어서 어깨나 가슴 위까지 닿았고, 가발을 땋는 방법, 가리마를 내는 위치, 묶는 방법, 장식품 등에 따라 그 모양이 다양하였다.

이집트시대의 메이크업 챠트

- 광택이 있는 녹색을 띤 청색이나 녹색의 아이섀도우로 정상적인 눈꺼풀보다 크게 그려진 눈
- 검은색을 바깥쪽으로 길게 연장하여 문신한 듯 진하게 그려진 눈썹
- 검은 아이라인으로 눈의 양쪽 끝까지 연장하여 물고기 꼬리모양으로 그린 눈
- 붉은색으로 칠한 입술
- 가발과 다양한 장식을 한 머리

2) 그리스·로마시대

그리스의 헬레니즘 시대와 로마에 이르러서는 화장품, 화장술에 관한 연구 및 처방이 마술, 미신, 종교에서 벗어나 학문적 원리에 기초를 둔 의학시기를 맞이하게 되었다. 흔히 코스메틱(cosmetics)이라는 말의 어원은 그리스어의 '치장하다' 라는 의미로 코스메티코스(cosmetikos)에서 나온 말이다.

그리스 여인들은 하얀 피부를 매우 선호하여 얼굴에 백납 성분으로 된 안료를 사용하여 피부를 새하얗게 표현했으며 볼과 입술에는 다홍색을 사용하였고 볼연지는 광대뼈를 둥근 모양으로 표현했다. 눈썹은 양눈썹을 가까이 그리고 선명하고 섬세한 눈썹을 선호하였다. 코는 명암을 넣어 윤곽이 뚜렷한 코선을 표현하였고 눈 화장은 적갈색이나 녹색, 회색으로 섀도우를 그렸으며 검은 아이라인은 눈의 윗 라인만을 강조하는 경우가 많았다.

볼과 입술은 식물성염료나 적토를 추출하여 홍조빛으로 붉게 칠했다. 비교적 단순한 의상으로 인해 머리치장에 관심이 많아져 머리를 깨끗이 하고 컬(curl)을 만들거나 잿물로 표백하고 채취한 식물의 안료를 이용하여 황금색으로 염색하기를 좋아하고 몸 전체에 향료나 오일을 사용했다. 로마의 의사였던 갈렌(Garen AD 130~200)은 해부학, 생리학, 위생학, 약학, 병리학, 철학 등에 풍부한 저서를 남겼는데 화장품 제조에 관한 처방전도 남겼다. 또한 그는 최초로 콜드크림의 원형인 시원해지는 연고(creatum refrigerans)를 제조하는 업적을 이루었다. 눈을 강조하기 위한 코올(kohl)성분과 식물성 염료와 적토로 뺨과 입술을 붉게 물들이는 등 이전부터 전해 내려오는 화장용품과 화장술의 대부분이 남녀 모두에게 행하여졌다.

로마의 전성시대에는 많은 시간과 인력을 투자하여 신체의 모든 부분을 과도하게 꾸몄는데, 눈썹은 뚜렷하고 진하게 그렸으며 눈은 안티몬이나 사프란으로 검게 화장하고 볼은 아르칸나 또는 연단(鉛丹)으로 붉게 칠하였으며 얼굴의 솜털을 왁스의 회반죽으로 제거하였다. 로마 여성들에게 피부의 아름다움과 균형미는 미의 최대조건이었다. 로마의 특권층 여인들은 피부 관리와 메이크업을 모두 선호하였는데, 이들은 특히 흰 피부를 좋아하여 얼굴에는 분을 발랐으며 로마의 쇠퇴기부터는 백연의 과도한 사용으로 인해 얼굴빛이 변색되고, 치아가 검어지고, 땀구멍들이 막히고, 신경이 둔해지고, 전신 쇠약으로 이어지는 체력 저하가 유발되는 등 지나친 화장품의 사용으로 인해 신체에 유해한 영향을 미쳤다.

한 세기의 사치와 난행으로 유명한 멧살리나 왕비 시대에는 몇 시간이나 걸려서 전속미용사가 손질한 시뇽으로 올려 묶었다. 공화정 시대에는 그리스의 헤어모드에 기초를 두어 머리모양을 앞 가리마를 타고 양쪽 머리를 곱슬거리게 늘어뜨리거나 머리 전체를 짧게 컬하거나 또는 그리스 여인들과 같이 목덜미 위에서 시뇽을 하는 등 단순한 형이 주를 이루었다.

로마시대(Rome) 여자들의 머리모양

그리스시대(Greece) 남자들의 머리모양

고대 그리스 · 로마시대의 메이크업 챠트

- 백납성분의 안료를 사용하여 푸른 빛이 도는 흰피부
- 양눈썹이 가까운 선명하고 섬세한 눈썹
- 윤곽이 뚜렷한 코선
- 녹색, 회색계열의 아이섀도우를 사용하는 눈
- 윗라인이 강조된 아이라인을 한 눈
- 홍조빛을 띤 볼과 입술

3) 15C 르네상스시대

14세기 중반 경부터 이탈리아를 중심으로 번성하기 시작한 르네상스 운동의 영향으로 여성에 대한 중세 기독교적 인식의 해방을 가져와 여성의 아름다움에 대한 관심이 증가하면서 이탈리아를 중심으로 고대의 화장이 유럽각지로 확산되었다. 그러므로 상류계층 여성들은 향수, 머리염색, 미용법 등에 관심을 가졌으며 화장품을 다시 사용하게 되었다. 피부는 백납분을 사용하여 투명하고 창백한 흰 피부를 선호했으며 이마를 넓게 하기 위하여 이마선의 머리털과 눈썹을 깨끗이 면도하여 아주 가늘게 그리되 그 형태는 편안한 곡선을 형성하면서 그린 후 직선으로 내려오게 그렸다. 즉 창백하고 흰 얼굴에 눈은 둥글고 큰 형태를 선호했으며 코는 윤곽선이 뚜렷하고, 콧대는 좁은 듯 그려 지적인 이미지를 주었으며 아이라인은 가늘게 그려 눈에 띠지 않도록 처리하여 전체적인 색조는 밝고 부드러운 색을 선호하였다.

얼굴 전체를 깨끗이 면도하고 머리 또한 이마 뒤로 넘겨서 한층 이마를 강조하였으며 입술은 작은 꽃모양의 장밋빛 입술을 선호하였다. 머리카락은 금발을 선호했으며 다양한 색깔의 노끈으로 묶거나 땋은 간단한 형태를 하였다. 또한 앞 중심에 가리마를 타고 앞이마를 전체적으로 내놓았으며 뒷머리는 목덜미에 붙였다.

르네상스 초기 남성들의 머리는 컬을 하여 어깨까지 자연스럽게 늘어뜨렸다. 그러나 점차 의복에서 러프 칼라가 유행되고 러프의 크기가 대형화되면서 긴 머리의 불편함을 인식하게 되어 머리를 짧게 자르고 단정하게 빗어 넘겼다.

15세기 르네상스시대의 여성 메이크업 챠트

- 창백하고 투명하게 표현한 피부
- 머리를 뒤로 넘기거나 면도하여 극도로 강조한 이마
- 눈썹털을 완전히 제거한 후 가는 아치형의 눈썹
- 작은 꽃모양으로 표현한 장미빛 입술
- 가볍게 홍조띤 뺨
- 곱슬곱슬한 빨간머리나 천으로 머리를 덮는 가발 사용

4) 16C 엘리자베스시대

16세기에 들어오면서 르네상스는 유럽에서 전성기를 맞게 되었다. 예술의 발전, 종교 개혁, 자본주의의 출현, 정복에 의한 식민지 개척 등이 이루어지면서 점차 개인주의와 향락주의로 흐르게 되고 쾌락과 사치를 추구하였다.

따라서 남성미, 여성미를 위한 과장된 의복과 장식이 귀족과 부유한 계층에 의해 더욱 강조되었고 이에 따라 화장품은 상류층에 의해 과도하게 사용되었다. 더욱 이 시기에는 유럽 각 나라마다의 세력을 견제하기 위해 동맹 등을 위한 왕의 빈번한 왕래와 혼인으로 각 나라의 화장술이 서로 전해졌다.

영국에서도 대륙의 새로운 화장법이 도입되어 성행되었는데 엘리자베스 1세(1558~1603)때에는 흰 피부가 남녀 모두의 공통적인 소망이었으며, 여왕의 영향력으로 모든 여성뿐 아니라 남성들까지도 화장품을 사용하였다. 그녀는 피부를 수은이 들어간 로션으로 깨끗하게 하고 달걀 흰자로 윤을 내었으며 납과 식초를 혼합한 분을 바르고 이마에 정맥을 그려 넣어 흰피부를 강조하였다. 그러나 이러한 화장품을 피부에 바를 경우에 일시적으로는 얼굴이 백납같이 희게 보이는 효과를 나타내지만 납중독으로 인해 피부가 심하게 훼손되는 결과를 초래하였다.

그러나 여성들은 이처럼 어떤 희생을 치르더라도 백합같이 흰 피부를 갖기 위해 노력했으며 창백한 피부, 붉은 입술, 붉은 머리카락, 강조된 이마, 다시 말해 머리의 앞가리마를 타서 귀뒤로 넘기거나 모두 뒤로 빗어 넘겨 머리장식으로 고정시키는 것 등이 이 시대의 특징이었다.

1590년대에는 앞머리는 곱슬곱슬하게 하고 뒤로는 소용돌이 모양을 높이 들어 올린 하이롤(High Roll)스타일이 유행하는 한편 붉은색 머리와 금발도 유행하였기 때문에 여러 머리모양을 만족시키기 위하여 부분가발이나 전체가발까지 동원되었다.

16세기 엘리자베스여왕의 메이크업 챠트

- 눈꺼풀이 두껍고 깊은 눈
- 길고 가는 매부리코(명암으로 강조함)
- 강조된 넓은 이마
- 창백한 피부
- 붉은 입술
- 붉은 머리

5) 17C 바로크시대

이 시대에는 지위가 있는 귀족들의 미적 요구가 끊임없던 시대로 사치의 시대(the age of extravagance)라고 말한다. 바로크 시대에 들어서는 궁정이나 귀족 등 상류층 계급에는 지칠 줄 모르는 자신들의 메이크업, 의상, 헤어에 대한 관심으로 남녀 모두에게 몸치장은 생활의 중요한 일부였다. 얼굴은 백납 분을 발라 고결함을 상징하고, 선명한 눈썹 메이크업과 짙은 눈 메이크업, 아랫입술을 강조한 입술 메이크업을 하였다. 또한 생기 있는 관능미를 강하게 표현하기 위해 연지가 광적으로 선호되었는데 나이에 따라 장미 빛에서 짙은 양홍색에 이르는 다양한 색상을 이용하였으며 잠을 잘 때도 엷은 색의 연지를 발랐다. 유독성 금속 산화물로 구성된 분은 피부를 손상시켰으며 손상 정도는 점점 심해졌다. 붉은 볼연지에 그토록 집착했던 것도 피부의 손상을 가리기 위한 수단이었다는 견해도 있다. 피부가 햇볕에 타는 것을 꺼려했던 부인들은 나들이 할 때 얼굴 위에 고정가면을 쓰기도 했다. 바로크시대는 현실에 기반을 둔 생명력으로 충만한 '살아있는' 여인을 미인으로 선택했다. 머리카락은 회색, 갈색, 연두색, 흰색 등으로 염색하여 포마드(pomade)로 고정시켰다. 이 시기에는 제조기술의 발달로 더욱 간편하고 더욱 자유스러워졌으며 옷, 화장, 패션은 파리를 중심으로 빠르게 퍼져나갔다. 왕가에서 사용되던 얼굴크림은 보통사람까지 쓰게 되었으며, 17세기에는 파리에 처음으로 미용전문 가게가 생기면서 많은 여성들의 관심사가 되었다.

컬(curl)을 한 머리를 더욱 풍부하게 보이도록 머리 위에 리본을 장식하거나 새털을 달기도 하였으며, 딱딱한 린넨(linen)이나 레이스(lace)를 주름잡아 철사로 층층이 탑처럼 높이면서 많이 올려 부채를 편 것 같이 씌운 후, 리본을 장식한 특징적인 형태인 퐁땅쥬(fontange)라는 우아하고 기교적인 머리형이 17세기에 들어서 귀족적인 의상에 따라 유행하였다. 화려한 의상과 함께 17세기에는 패치(patch), 뷰티 스폿(beauty spots), 무슈(mouche)등의 애교점이 유행하였으며 패치는 귀족뿐만 아니라 하층계급까지 남녀노소를 막론하고 유행하였다. 모양이나 크기, 또 붙이는 위치도 다양하여 벨벳(belvet) 헝겊을 둥근 모양으로 오려서 이마나 관자놀이, 입술주변, 가슴부분 등에 풀로 붙였다. 여자들은 화려한 의상에 어울리게 진한 화장을 위하여 백납성분으로 만든 백분을 발랐으며 머리카락은 블론즈 색으로 염색하거나 깨끗이 깎고 가발을 썼다. 볼은 핑크계열이나 오렌지색 계통의 진한 색조로 둥글게 칠하고 입술은 작은 꽃잎 같이 표현한 것이 특징이였다.

17세기 바로크시대 여성 메이크업 챠트

- 백분을 바른 흰 피부
- 홍조를 띠거나 붉은 연지를 칠한 뺨
- 모양과 색깔이 장미꽃 같은 입술
- 살이 찌고 둥근 용모
- 긴 웨이브머리에 퐁탕쥬(fontanges)를 쓰고 흰색 분을 바른머리
- 뷰티패치(beauty patch)를 붙인 얼굴

6) 18C 로코코시대

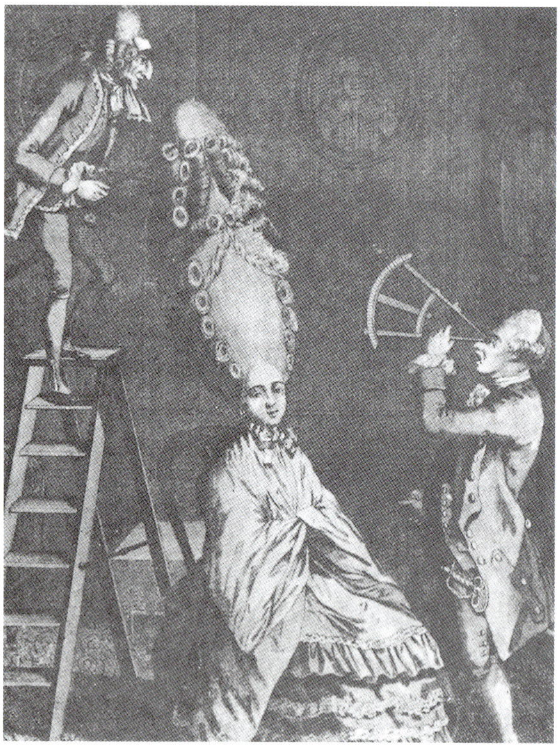

18세기의 프랑스는 루이 17세의 후광으로 여전히 호화로움을 그대로 간직하고 있었으며, 18세기 여성들은 머리모양에 가장 흥미를 집중시켰다. 18세기까지는 바로크시대에 유행했던 퐁탕쥬(pontange)형이 전성을 이루었으나 루이 14세가 사망한 후 퐁파두르(pompadour)형이라는 낮은 머리형이 유행하게 되었다. 이 형은 머리카락을 부풀리지 않고 뒤로 빗어 넘긴 우아하고 깔끔한 머리형으로 머리 위의 조화나 리본, 레이스, 깃털 등의 섬세한 장식을 사용하기도 했다.

1760년경에는 헤어스타일이 점차 높아지고 거대해졌으며 그 장식이 높이 쌓여졌다. 이 시대의 취향은 머리형을 예술적이고 환상적인 것의 극치로 이르게 하여 로코코의 여성이라 칭하던 마리 앙투아네트(Marie Antoinette) 시대에는 높이와 장식 기교에서 가능성의 한계까지 도달했었다. 마리 앙투아네트의 헤어디자이너 레오나드 오티에가 고안한 헤어스타일은 모든 계급의 여자들에 의해 모방되며 머리장식의 재료와 명칭도 다양하여 나무판, 인형, 태양, 달, 별, 실물의 과일 등 그 배치와 모양에 따라 아름다운 화원, 사랑의 여왕 등으로 이름을 붙였다.

로코코 시대를 대표하는 여성으로는 루이15세의 첩인 퐁파두르(pompadour) 후작부인과 루이16세의 왕비인 마리 앙투아네트(Marie Antoinette)가 있다. 퐁파두르는 프랑스의 정치와 문화에 영향력을 행사하였고, 1745년에서 1764년에 걸쳐서 로코코를 퐁파두르 양식이라 부를 정도로 그녀의 영향력은 대단하였다. 1774년 5월 10일 루이16세의 왕비가 된 마리 앙투아네트는 젊고 아름다웠지만 그녀의 사치는 그녀가 즉위한 후 1년 동안 치장하는 데에 엄청난 부채를 질 정도였다고 한다.

잿빛으로 만든 머리카락은 혈색을 창백해보이게 했고 그래서 짙은 메이크업을 유발했다. 로코코시대 메이크업 형태는 백납분을 하얗게 바르고 볼과 입술은 붉게 칠하였는데, 얼굴의 자연스러움보다는 인공적인 붉은 메이크업색이 선호되었다.

바로크 시대와 같이 패치를 붙이는 것도 매우 유행하였다. 또한 눈빛을 촉촉하게 보이기 위해 가지과에 속하는 식물인 벨라도나(belladona)의 즙으로 동공을 확대하기도 하였고 쥐의 털로 인조 눈썹을 만들어 아교로 붙였으며 이가 빠져 뺨이 들어간 부분에는 플럼퍼(plumper)라는 패드를 넣어 뺨을 통통하게 만들었다.

18세기 후반부에 남성헤어의 변화는 가발에 있다. 바로크 시대의 신사들이 대형의 가발을 사용했던 것에 비해 로코코 시대 후반에는 경쾌하고 우아한 모습으로 머리모양을 꾸몄다. 살롱에서 에티켓으로 머리에 갖가지 색의 밀가루를 뿌렸으며 남자, 여자, 어린이 모두가 여러 종류의 색을 머리에 뿌려 한 해에 200만 파운드의 밀가루를 사용할 정도가 되었다. 화장도 17세기와 마찬가지로 두텁게 하였으며 피부표현 역시 매우 희게 강조했다. 화장의 특징은 창백한 피부에 약간 낮은 볼 화장을 둥글게 칠했으며 가늘게 곡선지고 깨끗한 눈썹, 작은 장미 꽃잎 모양의 입술로 루이15세의 정부였던 마담 드 베리(Madame de Barry)의 모습에서 찾아볼 수 있다.

18세기 로코코시대의 여성 메이크업 챠트

- 두껍고 창백한 흰피부
- 깨끗하고 강조된 이마
- 가늘게 곡선진 깨끗한 눈썹
- 장미 꽃잎 같은 입술
- 뺨의 위치 보다 약간 밑에 볼화장
- 살이 찌고 둥근 용모

7) 19C 근대(부흥시기)시대

Napoleon 1세 시대의 여자(고전주의)

madame Recamier(1805년)

19세기는 근대사회의 발생과 발전의 시기이며 정치적으로 민주주의의 기틀이 다져진 시기이다. 또한 전(前)세기로부터 힘이 강해진 중산층의 수효가 증가하고, 사회전반에 그들의 영향력을 행사하며 시민문화가 형성된 시기이기도 하다. 또한 19세기는 산업이 발전하여 비약적인 생활의 변화가 일어났고, 프랑스 혁명으로 인하여 사회는 여러 분야에서 발전하였으며 로코코시대의 극단적으로 과장된 머리모양과 화장은 복식과 함께 큰 변화를 가져왔다. 19세기 복식을 크게 네시기로 나누어 보면 고전주의(1789~1815 Empire Style, 나폴레옹1세 시대), 낭만주의(1815~1845 Romantic Style, 왕정복고시대), 크리놀린시대(1845~1870 Crinoline Style, 나폴레옹3세 시대), 세기말(1870~1906 Bustle Style)시대이다.

복식과 함께 다양한 헤어스타일이 더불어 발달하였으며 화장문화의 경우 귀족계층을 중심으로 과도하고 인위적으로 꾸미던 경향이 없어지고 얼굴에 색상을 부여함 없이 자연스러운 미의 강조가 19세기 전반에 걸쳐 자리 잡았다.

19세기 화장은 이제 여성들에 의하여 위생과 청결이 더 중요시 되었고 비누의 사용이 보편화되었다. 향수는 여전히 애용되었으나 얼굴에 색상을 부여하는 두꺼운 화장은 이미 유행이 뒤진 것이 되어 이는 연극이나 무대에서 한정되었고 일반 여성은 자연스러움을 중요시 하였다. 한편 이전까지 왕족이나 귀족의 전유물이었던 크림이나 로션 등은 이제 일반 시민들도 쉽게 접할 수 있었으며 질도 향상되고 제품도 다양해졌다.

특히 1866년 산화아연을 만들어 냄으로써 그 동안 피부에 유해한 성분이었던 백납분보다 훨씬 안전하고 새로운 성분이 공급되어 전 유럽과 미국으로 퍼졌으며 그리스 시대부터 여성들이 흰 피부를 위해 애용해 오던 백납분은 더 이상 쓰이지 않게 되었다. 영국에서는 빅토리아 여왕의 영향이 지배적이었는데 일반 시민들은 흰 피부를 유지하기 위해 화장을 하는 것 외에 입술과 볼에 루즈를 사용하는 것은 행실이 부도덕한 표시처럼 여겨 뚜렷하고 큰 눈을 위주로 연하게 하는 화장법이 유행하였다.

전반적인 근대 메이크업은 길고 가늘게 아이라인을 그렸으며 입술은 주황이나 빨강색을 선호하였으며 볼연지와 입술화장은 여전히 메이크업의 중심이 되었는데, 이 시기에는 볼연지의 위치가 볼 위쪽으로 옮겨진 것이 특징이었다.

19세기 말 의학과 유기화학이 급속히 발달하면서 새로운 화합물에 관한 연구 업적들이 발표되었고 1828년 프랑스에서는 겔랑(Guerlain)이, 1852년 영국에서는 베샹(Beecham)이, 1886년에는 미국의 해리엇 험버드(Harriet Hubbard)가 현대적 의미의 화장품을 제조하게 되었다.

Bustle Style(1885년 세기말)

Crinoline 시대의 머리장식

Romantic Style의 여자(낭만주의)

자크 에밀 블랑슈

TENDER TRAP
VOGUE
smart moves
TAKE CHARGE OF YOUR BODY
SUMMER KICK-OFF
MODE FÜR STRAND FLIRT UND LANGE NÄCHTE
DAS NEUE IMAGE DER TOP-MODELS
WHAT'S NEXT
the looks that count
your skin vs. your job
700ème Numéro
En cadeau, la reproduction de la première couverture de Vogue
Mode Les classiques de la ville
Beauté
All-american!
the 50 best jackets of the season
Had it with hemlines? pants provide the answer
COUPLES
REAL A
Interview
LIZA THE CONQUEROR by k.d. lang
Mademoiselle
YOUR TICKET TO SLIM
TOTALLY TENDER HAIR & MAKEUP SPECIAL
BARGAINS ARE A GIRL'S BEST FRIEND
get golden!
ROLLING STONE
THE PHOTOGRAPHS
Rolling Stone
SEX, LIES AND VIDEOTAPE'S Andie MacDowell
THE ROLLING STONE INTERVIEW WOODY ALLEN 'no apologies'
JANET JACKSON the joy
ARETHA FRANKLIN GREATEST HITS
STRESS PREVENTION Head-to-toe guide
Journal
Yes, it's ROSEANNE
HOW WE DID OUR BEST MAKEOVER EVER
Plus JFK Jr. Patrick Swayze and "Northern Exposure"
Tina
THE REMARRYING KIND
LEAR'S
So Close
WHITNEY HOUSTON GETS NASTY
By Anthony DeCurtis
COSMOPOLITAN
A Letter to My Lover
The Surprising Truth About Michael J. Fox
No Sex in Washington?
The Terrible Danger of a Perfect Sex Partner
A Married Man Warns Single Girls Away
How to Make Him Like You as Much as You Like Him
Funny, Sunny, Smart KATIE COURIC, TV's Morning Star
The Nightmare of Childhood Sexual Abuse.
How to Prevent Divorce—Before Marriage
25 Ways to Safeguard Your Job
Altar-ed States—Getting Him to Commit
How to Glorify Your Bosom
MOSCOW: Can the Center Hold?
TIME
Super models
Beauty and the Bucks
VANITY FAIR
Star Turner
BAZAAR
SUPER YOU!
SPRING'S Bright Ideas
The NEW Coats Light & Long
The POWER of White & Silver Sportswear
SPIELBERG'S Triumph: The Inside Story
SUPER-NATURAL!
red hot beauty special!

8) 20C 현대

20세기에 들어와 화장이 문화적으로 중요하게 형성될 수 있었던 것은 대중사회라는 배경이 주어졌기 때문이다. 대중사회란 전통적인 사회에서 현대사회로 이행되는 과정에서 일어난 기본적인 사회 변화에 대한 개념으로 이러한 변화의 가장 큰 특징은 산업화, 도시화 및 근대화의 경향이다.

산업화는 과학과 기술의 발전으로 새로운 동력과 기계류가 만들어지면서 투자자본과 합쳐져 다양한 제품들의 대량생산이 가능해진 것을 말하며 영국을 중심으로 한 산업혁명 이후 서구에서 먼저 이루어졌다.

이러한 산업화는 대개 이질적인 사람들을 한데 모으는 도시화를 수반하였고 각 구성원들은 사회적, 심리적 차이와 규칙, 풍습 및 전통과의 단절과 혼란 등을 겪었다. 산업화와 도시화가 계속되면서 삶의 양식은 근대화되어 무수한 생활용품이 도입되고 이들은 신분의 상징물이나 과시적 소비를 위한 고급품으로 세분화되어 상품의 소비양식에 의해 사회계층이 분리되고 불화를 겪게 되었다.

이와 같은 대중사회로의 이행은 대중매체가 성장할 수 있는 사회적 여건을 마련해주었으며 대중매체의 발전은 한편으로 대중사회화를 더욱 촉진시키는 역할을 하게 되었다.

서적, 잡지, 음반, 영화, 라디오, 텔레비젼, 통신 등의 대중매체는 기술의 발전과 인구의 급증, 광고의 도입으로 더욱 빠르게 대량으로 보급되면서 누구나 손쉽게 수용할 수 있게 되었다.

이를 통해 점차 문화 수용에 대한 욕구가 증가하면서 개인의 소외나 고립을 극복하거나 대체하는 수단으로 대중문화가 자리잡게 되었다.

현대의 대중사회에서 이루어진 문화는 무엇보다도 대중매체에 크게 의존하는 사회가 되었다.

20세기에 나타난 이와 같은 대중적 현대사회의 특징은 메이크업분야와 관련된 문화를 새롭게 재정의하는데 있어서도 중요한 요인이 되었다.

대중문화의 효과는 메이크업 분야를 패션산업, 뷰티산업, 광고산업, 영화 · 영상산업, 이벤트산업, 문화예술계 등 여러분야에서 많은 역할을 요구하고 있으며 여러 각도로 시도되고 있다.

III. 메이크업의 기본요소

1. 얼굴의 골격과 골상

2. 얼굴의 황금비율

3. 색에 대한 이해

4. 명암에 대한 이해

5. 기본테크닉의 이해

6. 도구

ELEMENT OF MAKE-UP

1. 얼굴의 골격과 골상

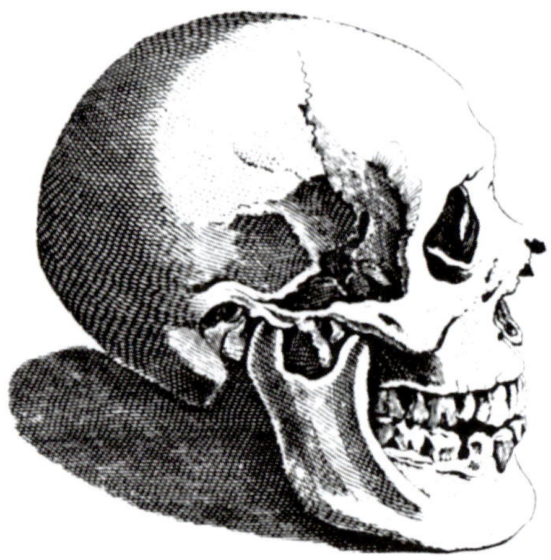

<그림1> 인간의 두개골

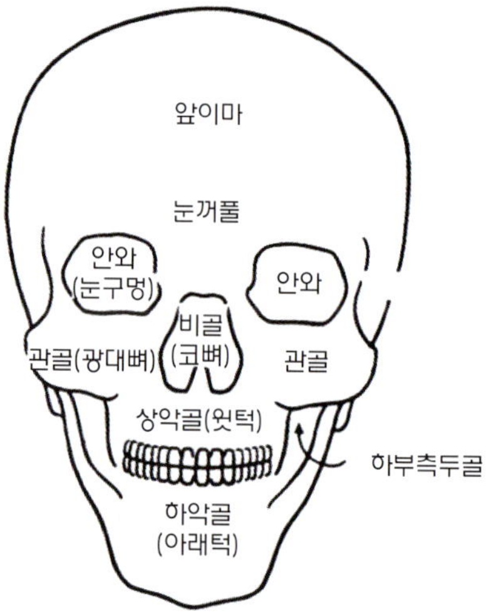

<그림2> 인간 두개골의 돌출과 동공 부분

1) 골 격

메이크업을 하기 위해서는 뼈의 구조, 근육, 피부 밑에 있는 연골에 대한 지식이 있어야 한다. 보통 우리 자신의 얼굴을 곱게 만들기 위해서도 우리는 한 부분을 강조하고, 다른 부분을 엷게 보이도록 표현한다.

이처럼 작품에서 특정한 인물로 얼굴을 다시 만드는 데에는 얼굴이 어떠한 구조를 하고 있는가를 파악해야 한다. 모델의 나이가 들고, 늙어 갈수록 점점 중요성을 띄게 된다. 그 이유는 피부의 탄력이 떨어지고 근육의 긴장도가 줄고 주름이 지기 시작하기 때문이다.

얼굴은 피부가 씌워진 두개골 같은 모습을 나타내기 때문에 어느 곳에 두개골의 구조를 알지 못하면 그런 효과를 나타낼 수 없다.

〈그림1〉은 두개골을 보여 주는 것이며 연골 근육 및 피부의 위치를 알게 해 준다. 이것이 모든 사람의 기본적인 얼굴 구조이지만 각 개인의 특징이 다르듯이 이 두개골도 개인에 따라 약간씩 다르다. 〈그림2〉는 여러 가지 뼈와 안면 동공의 이름을 나타내는 도식화된 명칭이다. 상 · 하악골(maxilla and mandible)은 위턱과 아래턱이며 비골(nosal bone)은 코의 뼈 부분이다. 한 가지 주의할 것은 코의 윗 부분은 두개골의 뼈있는 부분이고, 연골은 코뼈와 붙어서 그 아래에 말랑말랑한 코를 만들고 있다.

이마에는 두 개의 돌출부분이 있는데, 어떤 사람은 이 부분이 아주 분명하여 특히 위쪽에서 불빛을 비출 경우 더욱 돋보이고, 옅은 그늘 속에서도 그 모습이 구분되어 드러난다. 또 어떤 사람은 이마 전체가 부드러운 곡선을 그어서 돌출 부분의 구별이 애매하다.

턱뼈나 관골(cheekbone or xygomatic)은 얼굴 뼈의 가장 중요한 부분이다. 대부분의 사람들은 튀어나온 턱뼈를 가졌으나 손가락으로 근육을 눌러 봐야만 되는 사람도 있다.

얼굴의 뼈를 연구하기 위해서는 빛이 있는 곳이나 잘 만져지는 곳에 그 뼈를 놓고, 턱뼈의 경우 그 모습을 정확히 알 때까지 귀에서 턱까지를 전부 눌러 보아야 한다. 이때 뼈의 상단부를 찾아 낼 때까지 만져 보아야 한다. 왜냐하면 대개의 턱 모양은 잘못되어 있기 때문이다.

두개골에는 동공이 있다. 안구(orbital)라고 하는 눈의 동공부는 그 선이 분명해서 손으로 쉽게 찾아 낼 수 있다.

측두골(temporal)이라고 칭하는 패인 부분은 흔히들 관자놀이라고하며 이 구멍은 깊지는 않으나 나이가 들어가면서 깊어진다. 하부 측두골(infra-temporal)의 구멍은 턱뼈를 눌러보는 과정에서 발견되는데, 뼈의 지지가 없는 이곳은 살이 턱뼈 아래로 내려앉게 되어있다. 움푹 패인 볼은 이 이유 때문에 나타나며 아주 나이가 먹거나 기아 상태가 되면 이곳의 정도는 더 심해진다.

2) 골 상

성격에 대한 신체적인 외모와 개성의 특징과의 상관관계에 대한 연구를 사전에서는 골상학(physiognomy)이라고 칭한다. 골상학의 원리를 몇 가지 알아두는 것은 인물을 창조해 내는데에 필수적인 요소이다. 인류가 생활을 시작한 이래 사람들은 타인을 관찰할 때 그들의 모습과 습관에서 어떤 결론을 내렸다.

이는 여러 번의 시행착오 끝에 이들 간에 어떠한 상관관계를 발견함에 따라 의식적이든 무의식적이든 간에 일상의 생활에서 이러한 결론을 내린다고 볼 수 있다.

따라서 사람들은 무대 위의 등장 인물들을 볼 때도 같은 방법으로 결론을 내리게 되므로 메이크업 디자이너는 골상에 대한 지식을 익혀야 한다.

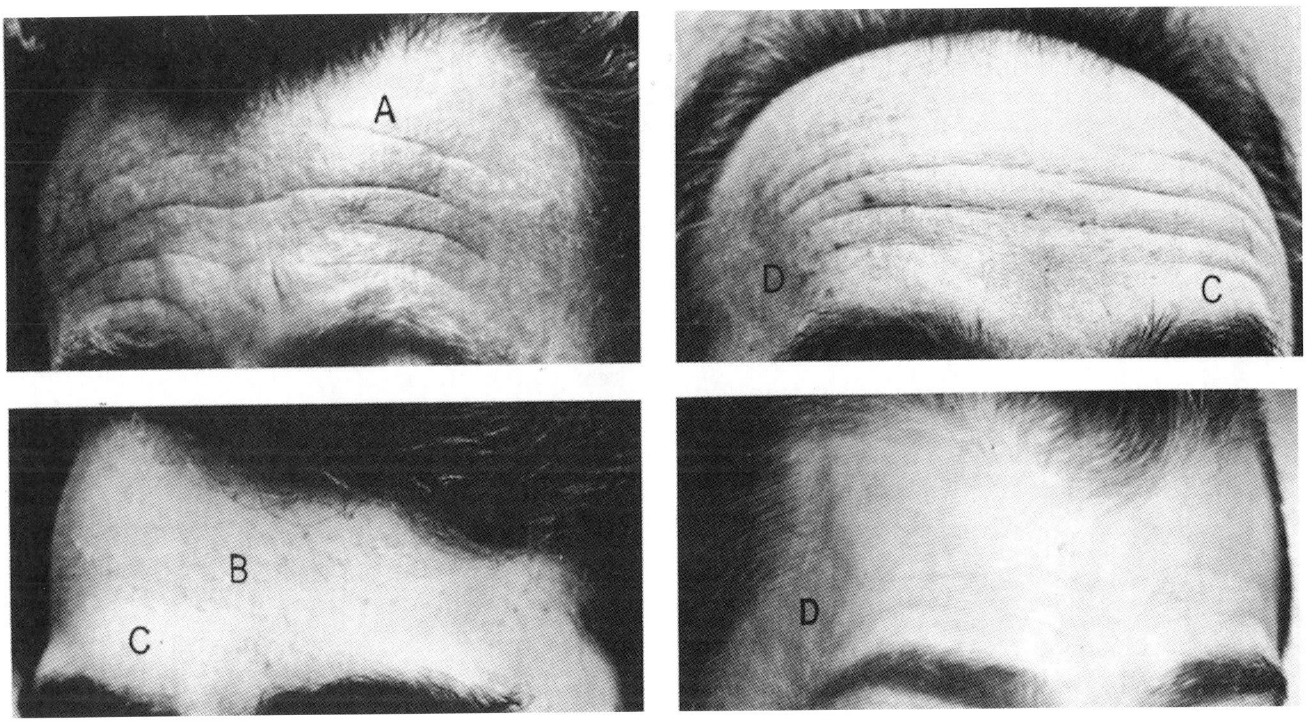

(1) 이마의 골상

A부분이 발달한 이마 - 논리력과 이성적인 사고
B부분이 발달한 이마 - 문화적 소양
C부분이 발달한 이마 - 인식 능력, 통찰력
D부분이 발달한 이마 - 기초 지식과 원리, 통찰력

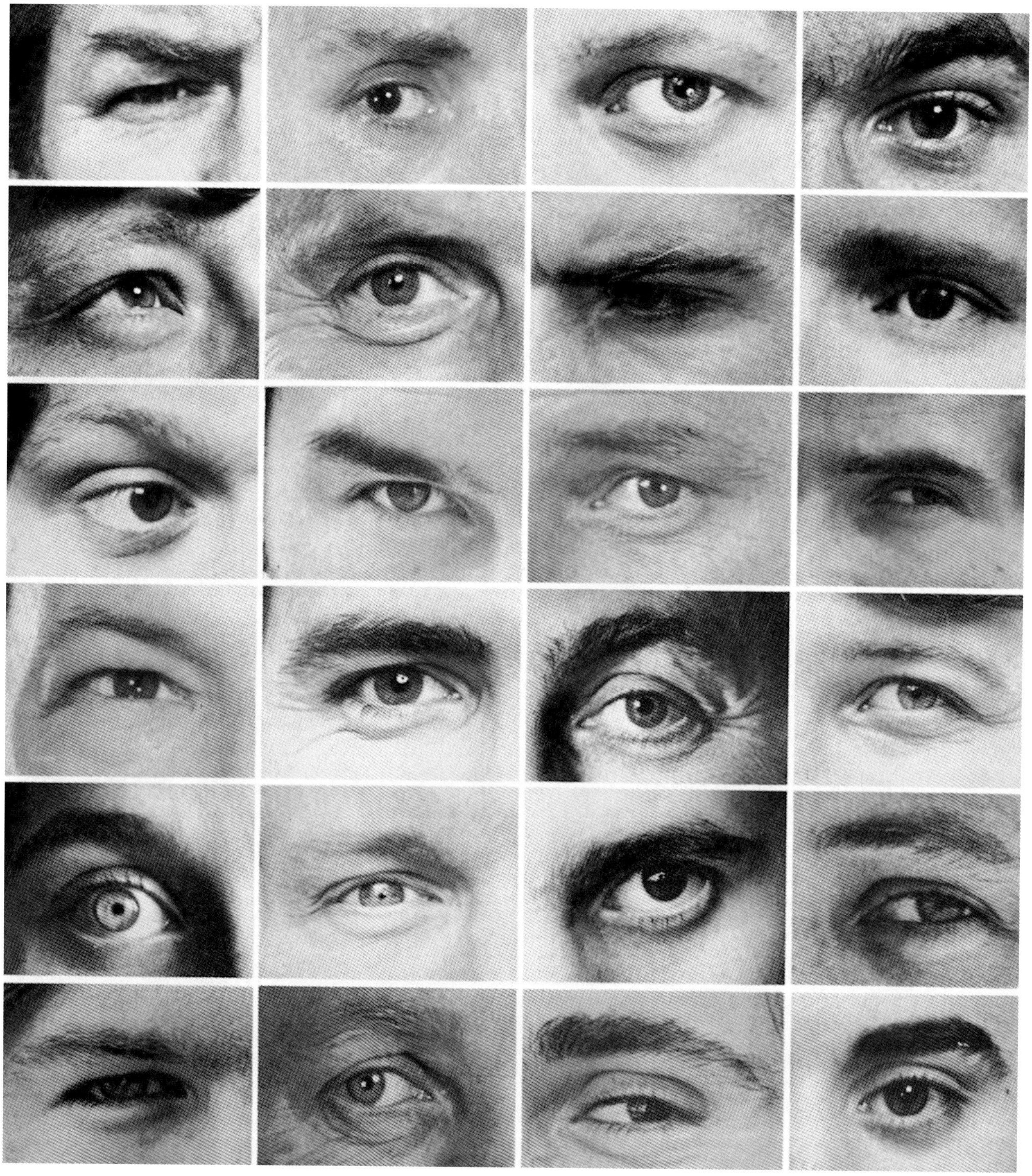

<여러 형태의 눈과 눈썹>

(2) 눈썹의 골상

· 짙은 눈썹: 긴장, 힘, 야성적, 야만, 용맹, 행동적, 투박함, 무지, 천박 등의 느낌
· 흐린 눈썹: 온화함, 깨끗함, 온순, 병약, 신성, 허약, 피동적, 여성적 등의 느낌
· 각진 눈썹: 절도, 박력, 활동적, 엄격함, 날카로움, 주관적 등의 느낌
· 아치형 눈썹: 온화함, 부드러움, 유순함, 섬세함, 고전적, 동양적, 친절, 자애로움 등의 느낌
· 스트레이트형 눈썹: 젊음, 긴장감, 단정함, 날씬함, 이기적, 객관적 등의 느낌
· 긴 눈썹: 눈썹의 긴 정도에 따라 점잖음, 고상함, 안정감, 인품, 인격, 무서움, 성숙, 의혹 등의 느낌
· 짧은 눈썹 : 명랑, 경쾌, 밝음, 날렵함, 동적, 허구, 위선 등의 느낌
· 가는 눈썹 : 섬세함, 성숙함, 연약함, 깨끗함, 날카로움, 밝음, 허영, 불안, 세련미 등의 느낌
· 폭이 넓은 눈썹 : 투박함, 안정감, 힘, 젊음, 야성적, 산만, 건강, 소박함, 순수함 등의 느낌
· 눈썹과 눈썹 사이가 넓은 눈썹 : 너그러움, 온화함, 여유, 멍청함, 어리석음, 낙천적 등의 느낌
· 눈썹과 눈썹 사이가 좁은 눈썹 : 긴장, 인색, 답답, 날카로움, 신경질적, 짜증, 옹색함, 성급함, 예리함 등의 느낌
· 눈썹과 눈 사이가 넓은 눈썹 : 눈썹과 눈썹 사이가 넓은 눈썹과 같은 느낌에 강한 의지, 인내심 등의 느낌
· 눈썹과 눈 사이가 좁은 눈썹 : 눈썹과 눈썹 사이가 좁은 눈썹과 같은 느낌에 서구적, 비밀 등의 느낌
· 올라간 눈썹 : 눈썹꼬리 방향이 수평선에서 위로 올라간 정도에 따라 시원함, 야성미, 활동적, 거만, 날카로움, 사나움, 능동적 등의 느낌
· 처진 눈썹 : 온화함, 부드러움, 겸손함, 어리석음, 모자람, 천박함 등의 느낌

(3) 눈의 골상

· 알맞은 눈 : 얼굴, 코, 입의 크기가 상호 조화를 이루어 알맞게 느껴지는 크기의 눈으로 밝고 발랄, 우아하고 고상함, 총명, 희망, 신선함, 인자함, 너그러움 등의 느낌
· 큰 눈 : 전체적으로 다른 부위에 비해 커 보이는 눈으로 시원함, 풍부한 감정, 당황, 환상, 번민 등의 느낌
· 작은눈 : 대체로 동양인에게 많은 눈으로 옹색, 답답, 소극적, 비밀, 편협, 귀여움 등의 느낌
· 동그란 눈 : 길이가 짧고 넓은 눈으로 발랄, 경쾌, 놀람, 당혹, 불안, 공포 등의 느낌. 가급적 길이를 키우는 방법을 이용
· 가느다란 눈 : 눈폭이 좁고 길이가 긴눈으로 섬세함, 예리함, 관찰력, 잔인, 냉정 등의 느낌
· 눈두덩이 나온 눈 : 동양인에게 많은 눈으로 고집, 의지, 퉁명스러움, 건강, 심술 등의 느낌
· 눈두덩이 들어간 눈 : 서양인에게 많이 볼수 있는 눈으로 조숙함, 관찰력, 부드러움, 섬세함, 현대적, 시원한 인상. 나이 들어 보이거나 피곤함 등의 느낌
· 처진 눈 : 눈꼬리가 수평보다 아래로 내려간 눈으로 온순, 순진, 비굴, 모자람, 천박 등의 느낌
· 올라간 눈 : 날카로움, 주관적, 고집, 적극적 등의 느낌
· 눈과 눈 사이가 먼 눈 : 대범, 너그러움, 낙천적, 비적극성 등의 느낌
· 눈과 눈 사이가 가까운 눈 : 소극적, 답답, 편협, 비애, 협소 등의 느낌
· 짝 눈 : 한쪽 눈이 다른 한쪽보다 작은 눈 또는 올라가거나 내려간 눈으로 서로 다른 눈을 말하며, 비애, 모자람, 동정적, 불안, 미성숙 등의 느낌
· 쌍꺼풀 눈 : 쌍꺼풀의 정도에 따라 다르지만 대체로 눈이 커보이며 풍부한 감수성, 슬픔, 성숙, 노련함, 활발, 서구적, 현대적 등의 느낌
· 외겹 눈 : 동양인에게 많은 눈으로 단순, 순박, 담백, 깔끔, 냉정, 고집, 청순, 내향적 등의 느낌

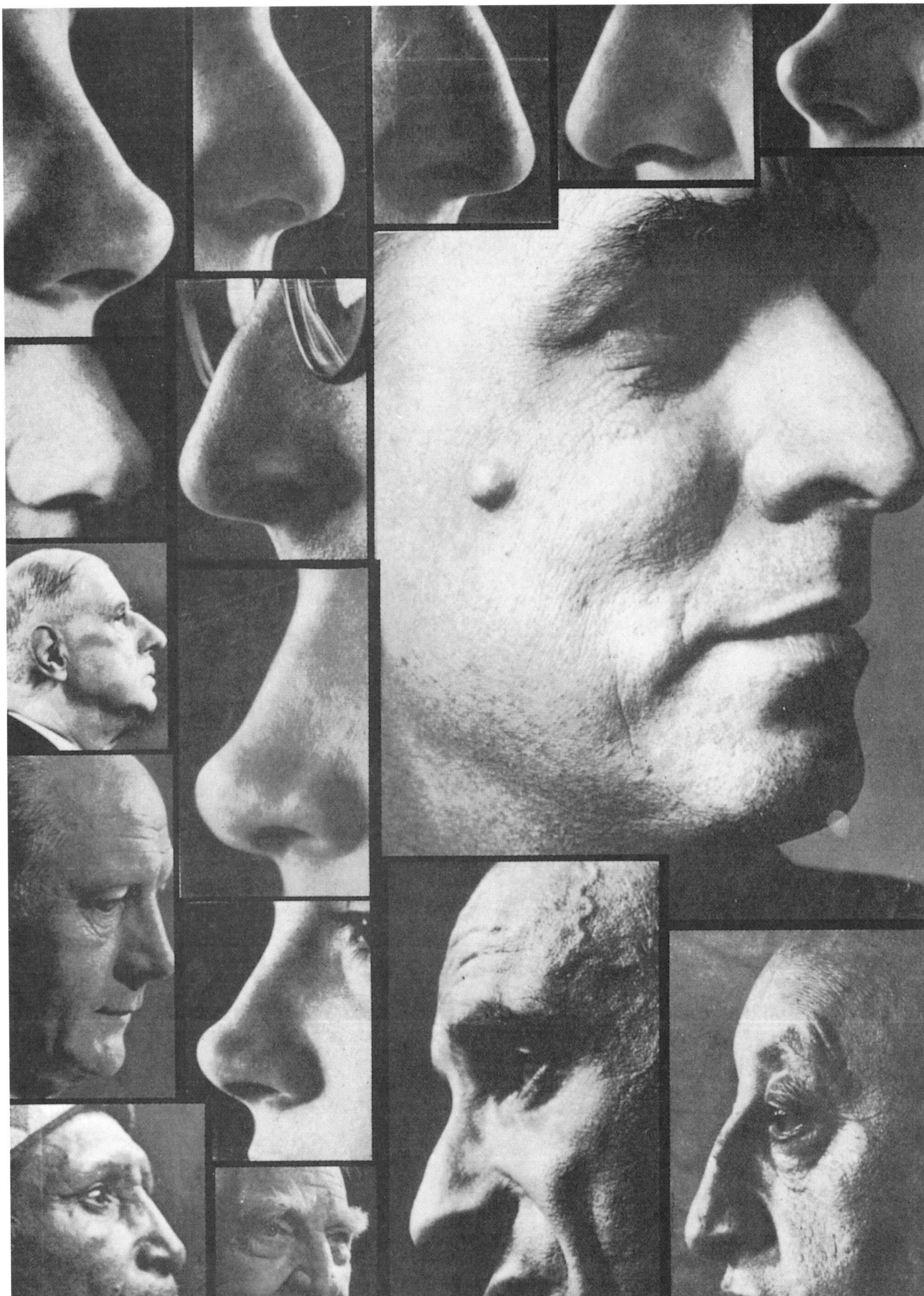

<여러형태의 코>

4) 코의 골상

· 큰 코 : 큰 힘이 있고 정력적인 느낌
· 짧은 코 : 명랑하고 낙천적인 느낌
· 바깥쪽으로 튀어나온 긴 코 : 지적이거나 다른 형태로는 호기심의 느낌
· 얼굴에 바짝 붙은 긴 코 : 신중하고 비밀스럽고 때로는 비관적인 성격의 느낌
· 코끝이 쳐진 코 : 냉정하고 사려 깊고 때로는 우울한 느낌
· 짧으면서 넓은 코 : 활동적이거나 생동감 등의 느낌
· 매부리코 : 귀족적이고 풍요로운 느낌
· 오목한 코 : 비공격적이고 천성이 착하지만 변덕, 고집이 센 느낌
· 작고 섬세한 코 : 멋이 있고 날렵한 느낌
· 끝이 쳐들린 코 : 낙천적, 열광적 생에 대한 회심이 가득한 느낌

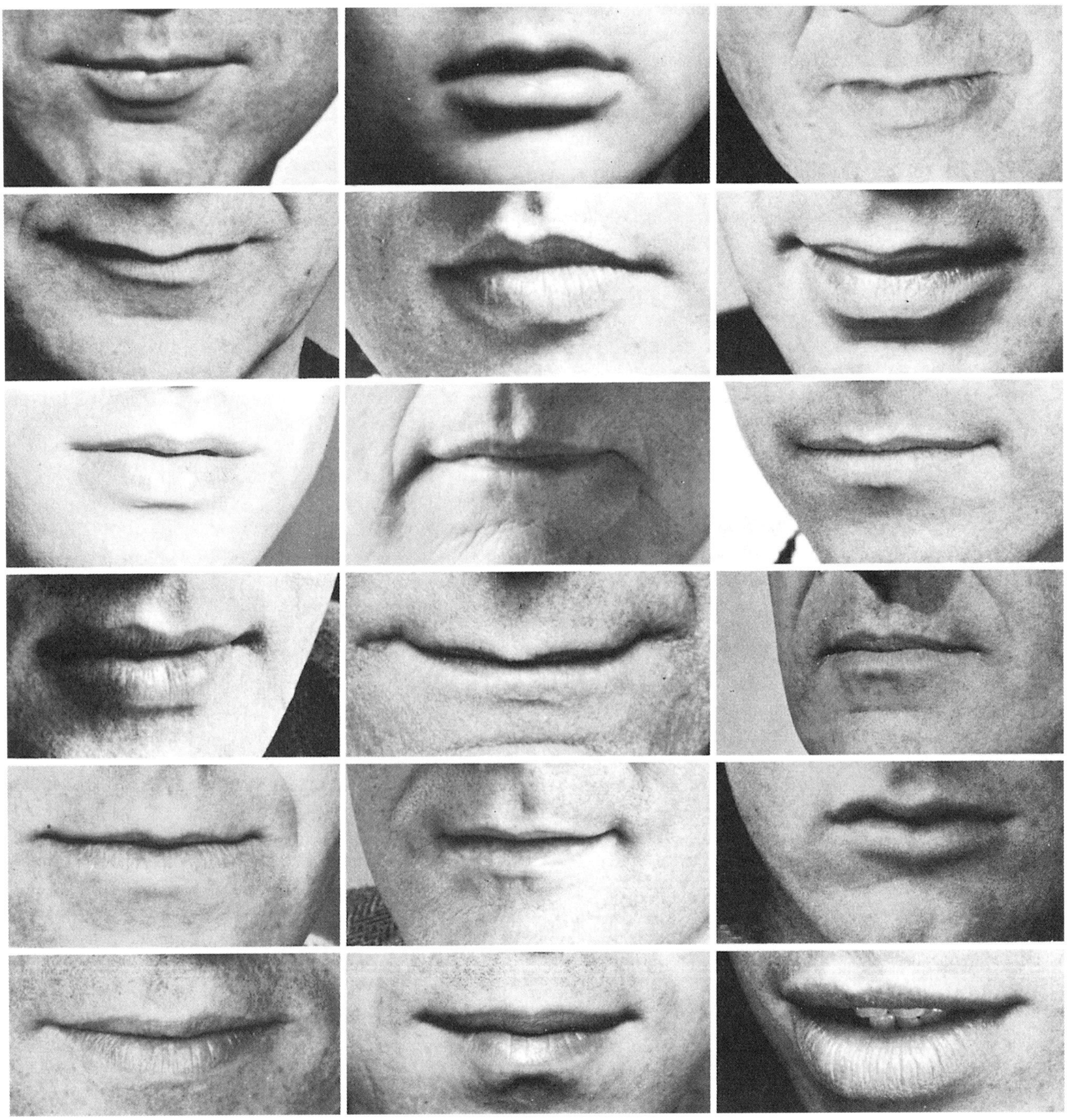

<여러형태의 입술>

5) 입술의 골상

· 곧은 입술 : 단호하고 확고한 인상을 준다. 입술이 곡선을 그리면 대체로 따뜻하고 사교성이 있음을 나타낸다.
· 느슨하게 다문 입술 : 정서적으로 따뜻함을 보인다.
· 얇은 입술 : 겸손, 신중, 형식적, 정확성 때로는 냉정함을 나타낸다.
· 두툼한 입술 : 온화하고 풍부한 정서적인 표현을 나타낸다. 동정적이고 사교적인 천성을 나타내는 반면에 방종하고 나태한 면도 있다.
· 입 끝이 올라간 입술 : 따뜻하고 사교성이 풍부한 성격을 나타낸다.
· 입술이 둥글고 주름이 있는 입술 : 사랑스런 느낌
· 입 중간 윗입술이 풍부한 입술 : 자만심, 권위, 자존심의 이미지
· 아랫입술의 가장자리가 풍부한 입술 : 질투심이 많은 성격의 이미지
· 처진 입술 : 비관적, 진지함, 약한 기질의 느낌

2. 얼굴의 황금 비율(Golden Section)

◆ 이상적인 얼굴의 균형도(Face Proportion)

일반적으로 알려져 있는 얼굴 각 구성요소의 가장 이상적인 비율을 파악한다는 것은 메이크업작업에 큰 도움이 된다.

① 얼굴의 폭

눈의 가로폭을 1이라 하면, 귀에서 눈꼬리까지의 간격, 눈꼬리에서 눈앞머리의 간격, 눈과 눈사이의 간격이 동일하게 하여 전체폭은 5이다.

② 얼굴의 길이

전체적으로 3등분하여, 이마의 머리카락이 난 언저리부터 눈썹까지의 간격, 눈썹에서 코끝까지의 간격, 코끝에서부터 턱까지의 간격이 같아야 한다.

③ 눈

이마의 머리카락이 난 언저리부터 입꼬리에 이르는 부위까지 이등분한 지점에 위치하며, 눈의 가로길이는 얼굴의 폭을 5라고 할때 1에 해당되며, 눈의 세로길이는 가로길이의 1/3이다.

④ 눈썹

이마의 머리카락이 난 부분부터 턱끝까지의 길이를 3등분하여 1/3지점에 해당한다.
눈썹의 길이는 눈꼬리와 콧망울을 잇는 연장선상에 눈썹꼬리가 오게 된다.

⑤ 코

콧망울과 콧망울의 폭은 코의 길이를 100으로 했을 때 64정도가 이상적이다.

⑥ 입술

입의 가로 길이는 두 눈동자의 안쪽을 지나는 수직선보다 크지 않으며 대략 눈의 가로 길이의 1.5배 정도이다. 입은 가로와 세로의 비율이 3:1이다.

⑦ 귀

이상적인 귀의 위치는 코의 위치와 함께 얼굴의 중부에 위치하여 동일한 높이를 유지한다.

⑧ 턱

형태에 따라 표준형 턱은 이마를 수직으로 연장한 선상에 위치하며, 이상적인 턱의 크기는 눈사이의 간격과 동일하다.

① 둥근형(Round face)

② 타원형(Oval face)

④ 역삼각형(Uninverted Triangular face)

⑤ 다이아몬드형(Diamond face)

③ 사각형(Square face)

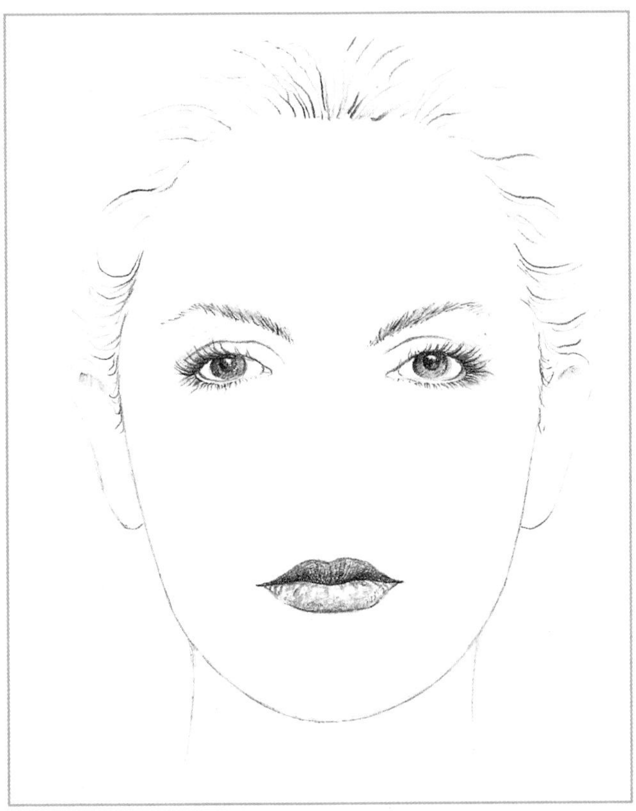

⑥ 긴형(Oblong face)

1) 얼굴의 여러형태

① 둥근형(Round face)

얼굴형을 수평방향으로 3등분으로 나누었을 때 중앙부분이 넓어보이는 형을 말한다. 헤어라인은 둥글게 보이고, 양턱은 짧고 각이 없으며 곡선형으로 이루어져 얼굴형은 짧게 보이고, 얼굴넓이의 길이가 거의 같아 보인다.

② 타원형(Oval face)

타원형은 중간 부분이 넓어 보이고 아래부분은 좁아 보여 매우 이상적인 얼굴형이라 말할 수 있다. 헤어라인은 둥글며 양턱은 각이 없고 곡선형으로 이루어져 있다. 따라서 타원형은 얼굴 길이가 넓이보다 길게 보인다.

③ 사각형(Square face)

사각형 얼굴은 3등분하면 넓이가 거의 같아 보인다. 헤어라인은 수평을 이루고 있으며, 양쪽 턱은 각이 있어 돌출되어 보인다. 따라서 사각형은 이마와 턱은 직선으로 연결되어 전체적인 얼굴형은 짧으며 얼굴의 넓이와 길이가 거의 동등하다.

④ 역삼각형(Uninverted Triangular face)

역삼각형의 얼굴은 윗부분 이마가 넓으며 아래턱부분이 좁고, 뾰족한 선으로 이루어져 있다. 또한 헤어라인 부분은 수평을 이루고 있으며 얼굴면적 보다 길이가 짧게 느껴지는 얼굴형이다.

⑤ 다이아몬드형(Diamond face)

얼굴 중앙부분이 넓으며 돌출된 형으로 얼굴 상하부분이 좁은 것이 특징이다. 다이아몬드형의 양턱은 약간의 각진 것 보다는 곡선으로 이루어져 있으며 긴 얼굴에 속하는 형이다.

⑥ 긴형(Oblong face)

얼굴 3등분의 넓이는 거의 동일하며 전체적으로는 길쭉한 얼굴형이다. 긴얼굴형은 대부분 이마나 턱이 발달해 있으며, 코가 긴편이다.

2) 황금비율 메이크업계획

여러 다른 형태의 얼굴형과 이목구비를 균형 잡혀 보이도록 하는 일은 몹시 어렵다. 단순히 둥근얼굴, 사각형얼굴, 긴얼굴형 뿐만아니라 혼합형의 모델들이 의외로 많으므로 그에 따른 메이크업계획이 필요하다고 하겠다. 여러 실험과 경험으로 얼굴형의 교정방법을 통하여 얼굴의 입체적인 색조를 선택하고 응용하여, 형태를 만들어 내는 균형잡힌 메이크업을 계획한다.

황금비율 메이크업 기본원리

3) 얼굴보정 메이크업의 기본원리

① 헤어라인에서 눈썹선, 눈썹선에서 콧망울선, 콧망울선에서 턱끝선까지를 수평으로 3등분한다.
② 이마중심에서 턱중심까지 얼굴을 수직으로 이등분한다.
③ 턱끝 중앙에서 눈동자 중심을 지나는 부분까지 선을 긋는다.
④ 눈썹의 상승방향으로 선을 긋는다.
⑤ 눈썹산에서 내려오는 하향선을 긋는다.
⑥ ③④⑤의 만나는 점을 눈썹산으로 결정한다.
⑦ ④번선의 각도로 눈밑 언더라인선을 긋는다.
⑧ ⑦과 ⑤번의 연장선이 만나는 지점에서 ③번선과 같은 각도로 관자놀이에서 턱선까지 향하는 선을 긋는다.
⑨ ④번선의 각도로 윗입술의 윤곽선을 정한다.
⑩ ⑧번선의 바깥쪽부분으로 어둡게 표현한다.

둥근형(Round face)의 형태분석

(1) 황금비율에 따른 둥근 얼굴형의 메이크업 실제

① **둥근형(Round face)**

피부표현(Base) : **하이라이트** - 눈밑을 조금 올리는 느낌으로 바른 후 입주위, 턱끝, 이마에서 콧등도 세로의 느낌으로 길게 하이라이트를 준다.

섀 도 우 - 얼굴의 길이감을 주기 위해 노우즈섀도우를 선을 따라 가늘고 길게 펴 바른다.

눈썹 (Eye Brow) : 약간 상승느낌이 나듯이 각지게 그려줌으로써 세로의 분위기를 준다.
전체적으로 약간 올려서 각지게 그린다.

눈(Eye Shadow) : 눈꼬리가 쳐지지 않도록 그라데이션(Gradation)한다.

※ Gradation : 서서히 짙게, 점층적으로 부드럽게 펴 바른다는 뜻으로 자주 사용되는 용어이다.

입 술(Lip) : 눈썹의 상승각도와 같이 약간 각진 입술형태로 그린다.

볼(Cheek) : 귀 윗부분에서 구각보다 약간 윗쪽을 향하여 세로로 길게 펴 바른다.

사각형(Square face) 형태분석

(2) 황금비율에 따른 사각 얼굴형의 메이크업 실제

② **사각형**(Square face)

피부표현(Base) : **하이라이트** - 콧등을 비롯한 세로의 길이를 강조해 하이라이트를 준다.

섀 도 우 - 각진 양턱과 이마끝 부위에 섀도우를 주어 갸름해 보이도록 한다.

눈썹 (Eye Brow) : 너무 가늘지 않는 부드러운 곡선형으로 그린다.

눈(Eye Shadow) : 관자놀이 방향으로 그라데이션한다.

입술(Lip) : 눈썹의 상승각도와 같이 조금 올려주되 곡선적이면서 전체적으로 부드럽게 그린다.

볼(Cheek) : 약간 둥근 느낌이 나도록 폭넓게 발라 볼 넓이의 밸런스를 맞춘다. 각진 턱에는 어두운 브러쉬를 한다.

역삼각형(Uninverted Triangle face)

(3) 황금비율에 따른 역삼각 얼굴형의 메이크업 실제

③ **역삼각형**(Uninverted Triangle face)

피부표현(Base) : **하이라이트** - 턱중앙은 하이라이트를 생략하고 양쪽 아랫볼이 통통하게 보이게끔 하이라이트를준다.

섀 도 우 - 넓은 이마의 양쪽과 뾰족한 턱끝부분에 섀도우를 한다.

눈썹 (Eye Brow) : 날카로움을 감소시키기 위해 부드러운 아치형으로 짧게 그린다.

눈(Eye Shadow) : 눈앞머리 안쪽까지 그라데이션한다.

입술(Lip) : 길고 조금 두껍게 처리하여 밝은 색상으로 바른다.

볼(Cheek) : 귀부분에서 구각의 약간 윗쪽을 향해 부드럽게 펴 바른다.

다이아몬드형(Diamond face)의 형태분석

(4) 황금비율에 따른 다이아몬드 얼굴형의 메이크업 실제

④ 다이아몬드형(Diamond face)

피부표현(Base) : 하이라이트 - 이마는 넓게 하이라이트를 주고, 턱선은 얇게 펴발라 턱의 라인을 부드럽게 표현한다.

섀 도 우 - 튀어나온 광대뼈와 턱끝을 중심으로 가볍게 바른다.

눈썹 (Eye Brow) : 튀어나온 광대뼈가 다소 완화되어 보이게 눈썹의 앞머리에 포인트를 준 화살형으로 시선을 분산시킨다.

눈(Eye Shadow) : 눈앞머리에 포인트를 주어 그라데이션한다.

입술(Lip) : 눈썹상향선의 각도로 약간 두껍고 부드러운 선으로 그린다.

볼(Cheek) : 볼뼈를 중심으로 엷고 폭넓게 바른다. 부드러운 느낌을 살려주기 위해 따뜻한 톤의 색상을 선택한다

긴형(Oblong face)의 형태분석

(5) 황금비율에 따른 긴 얼굴형의 메이크업 실제

⑤ 긴형(Oblong face)

피부표현(Base) : **하이라이트** – 코의 길이가 느껴지지 않도록 콧날은 약간 짧게 눈밑은 폭넓게 이마는 옆으로 다소 넓게 바른다.

섀 도 우 – 코벽을 따라 짧게 이마와 아랫턱에 발라 길이감을 감소시켜준다.

눈썹 (Eye Brow) : 수평적인 일자형 눈썹으로 그린다.

눈(Eye Shadow) : 수평으로 그라데이션한다.

입술(Lip) : 입꼬리를 올려서 도톰하게 그려주고 구각의 경사를 눈썹의 각도처럼 수평에 가깝게 그려준다.

볼(Cheek) : 볼뼈를 중심으로 콧망울과 구각을 향하여 가로로 길고, 폭넓게 펴 바른다.

3. 색에 대한 이해

색채를 다루는 사람들에게 있어서 무엇보다도 알고 싶어하는 것은 색채의 효과적 사용법일 것이다. 어떤 색을 어떠한 방법으로 사용하면 어떠한 효과가 있으며 어떤 점에 주의하면 좋을까 하는 것 등을 알기 위해서는 색 그 자체에 대한 보다 폭넓은 이해가 필요하다.

1. 색의 3속성

빨강, 노랑, 녹색, 파랑, 보라 등의 색상과 성질이 다른 색을 구별하기 위해 필요한 색의 명칭이나 다른 색과 구별되는 성질을 색상(Hue), 색의 밝고 어두운 정도를 명도(Value), 색의 맑고 탁한 정도의 차를 채도(Chroma)라 하며 색의 3속성 또는 색의 3요소라고 한다.

① 색상(Hue)

색을 구별하기 위한 색의 명칭인 색상은 "Hue"라 표시하고 색상은 유채색에만 있으며, 여러 가지 유채색을 체계적으로 둥글게 배열해 놓은 것을 색상환이라고 한다. 색상환에서 바로 이웃하는 색을 유사색이라 하며 색상환에서 서로 반대쪽으로 있는 색을 보색이라고 한다.

② 명도(Value)

색의 밝고 어두운 정도를 명도라고 한다. 명도는 "V"로 표시하며, 무채색과 유채색 모두에 명도가 있으며, 무채색을 명도의 기준으로 삼아 가장 어두운 검정이 명도가 가장 낮고, 가장 밝은 흰색이 명도가 가장 높다. 이때 검정의 명도를 0으로 하고 흰색의 명도를 10으로 하여 11단계로 나눈다.

③ 채도(Chroma)

색의 순수한 정도나 맑고 흐린 정도를 나타내며, "C"로 표시한다. 유채색의 순수한 정도를 뜻하기 때문에 순도라고도 하며 또는 포화도라고도 한다. 한 색상에서 채도가 가장 높은 색을 순색이라고 한다. 순색에 무채색의 포함이 많을수록 채도는 낮아지고 무채색의 포화량이 적을수록 채도는 높아진다. 채도는 1에서 14단계로 구분되며 숫자가 높을수록 채도가 높아진다.

색상환 (Color Circle)

명도(Value) ➡

채도(Chroma) ➡

2. 색의 대비

색에는 여러 가지 성질 또는 감각의 변화에 따라 다양한 시각적 변화가 있으며 하나의 색이 주위의 색이나 먼저 본 색의 영향으로 혹은 배경이나 인접색의 영향 때문에 색상 · 명도 · 채도 등이 다르게 보이는 현상을 색의 대비하고 한다.

1) 색상 대비

색상 대비에는 명확히 구별되는 색이 필요하며 그 효과는 항상 힘차고 활발하며 또한 격정적인 것이다. 색상 대비의 강도는 색상이 세 가지 1차색으로부터 멀어질수록 감소한다. 즉 주황, 녹색, 보라색은 노란색, 빨간색, 남색보다 그 특성이 약하며 3차색에 있어서는 그 효과가 더욱 감소한다.

2) 명도 대비

같은 색이라도 뒷 배경이 밝으면 어둡게 보이고 배경이 어두우면 밝게 보이는 경우처럼 색은 바탕색에 따라 보이는 외관이 달라진다. 명도의 차이가 있는 2색의 대비에서 명도가 높은 쪽의 색은 보다 높은 명도로 보이고, 명도가 낮은 쪽의 색은 보다 낮은 명도로 보인다. 따라서 명도차가 크면 클수록 이 효과는 현저하게 나타난다. 같은 색이라도 주위의 색에 따라 다르게 보인다.

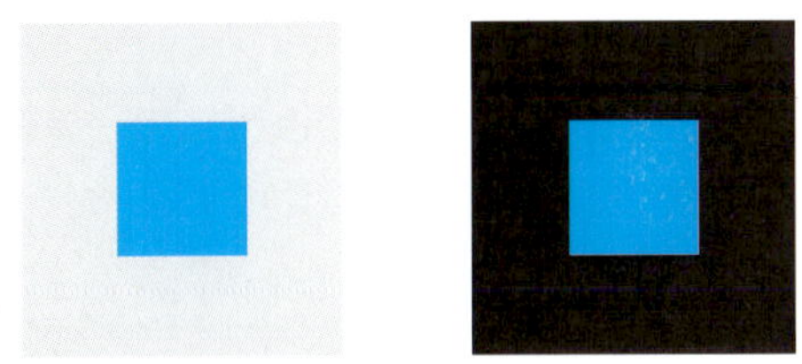

3) 채도대비

채도에 차이가 있는 2색을 대비시킨 경우 채도가 높은 색은 보다 선명하게 보이고 채도가 낮은 색은 보다 탁하게 보인다. 채도의 차이가 크면 클수록 이 효과는 현저하게 표현된다. 주위색의 채도에 따라 같은 색도 선명성이 다르다.

4) 한난대비

온도의 감각과 함께 한난대비의 표현력이 다양하게 보여진다. 즉 차갑다-따뜻하다, 멀다-가깝다, 가볍다-무겁다, 젖은-마른, 투명한-불투명한 등과 같이 한난 대비는 다양하게 표현된다. 회화적 효과에서는 먼 거리에 있는 사물일수록, 그 색이 차갑게 보이고 가까이 있는 사물에서는 따뜻한 색을 많이 사용한다. 이처럼 한난대비는 원근을 암시하는 요소까지 포함하고 있다.

3. 색의 심리효과

(1) 따뜻함과 차가움

색에 따라 느껴지는 온도는 다르게 나타난다. 일반적으로 빨간색은 따뜻하고 파랑은 차갑게 느껴진다. 따뜻하게 느껴지는 색을 난색계, 차갑게 느껴지는 색을 한색계라고 한다. 난색계는 빨간색, 주황색, 노란색의 색상그룹이다. 한 색계는 파란색, 남색이다. 그 이외의 색상그룹을 중성색이라고 한다. 다만 이러한 심리적인 작용은 사람이 모두 느끼는 것은 아니고 그 중에는 반대의 느낌을 갖는 사람도 있다.

(2) 진출과 후퇴

같은 화면 속에서도 진출해 보이는 색과 후퇴되어 보이는 색이 있다. 검정 바탕 위에 노랑, 빨강, 회색, 흰색 등을 배치해 놓고 보면 노랑, 흰색, 빨강 등은 앞으로 전진해 보이고 파랑, 남색, 회색 등은 후퇴해 보인다. 이와 같이 같은 거리에서 보았을 때 가깝게 앞으로 나와 보이는 색은 진출색이라 한다. 일반적으로 밝은 색, 고채도의 색, 난색계의 색은 진출해 보이고 어두운 색, 저채도의 색, 한색계의 색은 후퇴해 보인다.

(3) 가벼움과 무거움

색에도 중량감이 있는데, 색에 따라서 가볍게 보이는 색과 무거워 보이는 색이 있다. 여기서 가벼운 색이란 명도가 높은 색이며 무거운 색은 명도가 낮은 색이 된다. 밝은 색일수록 가볍게 보이고 어두운 색은 무겁게 느껴진다. 배색의 경우를 보면 밝은 색을 주조로 하면 가볍게 보이고, 어두운 색을 주조로 하면 어둡게 보임을 알 수 있다. 따라서 안정시키고 싶은 경우에는 무거운 색을 아래쪽으로 모으고, 불안정하게 하고 싶을 때에는 무거운 색을 위쪽으로 모으면 된다.

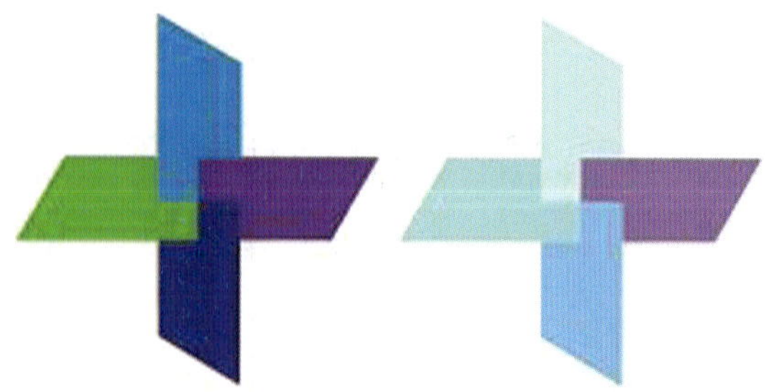

(4) 흥분과 침착

색을 보면 기분이 침착해지는 색과 기분이 흥분되는 색이 있다. 한색계는 기분을 진정시키고 난색계는 기분을 흥분시키는 작용을 한다. 기분이 들뜬 상태에 있는 사람이 청색계의 방에 일시적으로 들어가면 기분이 침착해진다.

(5) 단단함과 부드러움

색에는 단단함을 느끼게 하는 색과 부드러움을 느끼게 하는 색이 있다. 이것은 감각적으로 만져보고 느끼는 것이 아니라 시각적으로 보고 느끼는 문제이다. 부드러운 색은 밝은 회색조와 혼합된 색조로서 명도가 높고 채도가 낮은 색, 파스텔색과 같은 기운이 돈다. 한편 단단한 색은 명도가 낮고 채도가 높은 색을 말한다.

(6) 화려함과 소박함

색에는 화려하게 느껴지는 색과 소박하게 느껴지는 색이 있다. 화려하다든가 소박하다는 느낌은 특히 채도와 관계가 있고 채도가 높을수록 화려하게 느껴진다.

4. 색상과 빛의 상관관계

사물의 색은 장소와 주위에 따라 다양하게 변하게 된다. 메이크업을 실시함에 있어서 고려해야 하는 빛은 크게 실내광선과 자연광선으로 구분된다.

(1) 색상과 자연광(自然光)

자연광선은 모든 색상 본래의 색상을 충분히 나타낸다. 그러나 계절에 따라 비치는 태양광선의 강도 차이는 원래의 색상을 변하게 하므로 올바른 색상을 표현하기 위해서는 다음 사항을 이해해야 한다.

① 흐리거나 비오는 날씨

태양의 강도가 약해서 자연광선은 푸르스름한 느낌을 주며 따뜻한 색은 충동적 느낌을, 차가운 색은 슬픈 느낌을 준다.

메이크업 색상은 부드러운 색상이 유리하다.

② 화창한 날씨나 바캉스지역

자연광선은 따뜻한 느낌을 주며 백색 또는 황색빛을 띄게 되며 대부분의 색을 선명하게 만든다.

따뜻한 색을 주로 사용하고 차가운 느낌의 색은 개성이 있는 메이크업 연출을 위하여 햇빛이 아주 강할 때 예외적으로 사용한다.

(2) 색상과 인공광(人工光)

인공광선은 색상을 다양하게 변화시킨다. 이에 따라 인공조명 아래에서 실시한 메이크업은 자연광선 아래에서는 그 결과가 다르게 나타나기 쉬우며 인공조명도 그 밝기에 따라 메이크업 결과가 다르게 나타난다.

그러므로 메이크업 연출을 효과적으로 실시하기 위해서는 인공조명이 메이크업에 미치는 영향을 사전에 이해하고 이를 사전에 고려하여 메이크업을 실시하여야 한다.

① 백열등

차가운 톤을 경감시키고 따뜻한 톤을 더욱 강하게 만든다. 이에 따라 붉은색, 갈색, 베이지색, 핑크색 등은 백열등 아래에서는 실제의 색감보다 진하게 나타나 보이게 되고 녹색이나 보랏빛계열은 파리한 느낌이 들어 보이게 된다.

② 형광등

어떤 색상은 강하게 되기도 하고 또 어떤 색상은 경감되어 보이는 등 색채변화가 다양하게 일어난다.

파운데이션 사용시 황색계열이나 베이지색은 진하게 표현되므로 가능한 피해야 한다. 립스틱이나 볼터치를 사용할 때 푸른색은 보랏빛으로 변하게 되므로 주의를 요하며 핑크색은 다양하게 변화되어 나타난다. 또 회색 아이섀도는 진하게 나타나는 반면 다른 색은 형광등 아래에서는 연하게 나타나므로 이를 사전에 체크한 후 메이크업을 실시해야 한다.

인공조명 아래에서는 모든 색감이 다양하게 변화된다. 그러므로 메이크업을 효과적으로 연출하기 위해서는 실제의 인공조명과 동일한 상태에서 실시하는 것이 바람직하다.

5. 사계절 컬러

계절의 감정을 색채로 느낄 수 있다. 감각적으로 이들 계절을 대표하는 색은 무엇일까?

봄의 색 감정으로써 나뭇잎은 어린 잎색(녹색띤 황색)이며 햇빛이 닿은 곳은 lemon yellow, 가련한 화초는 연한자색, 벚꽃 색, 하늘은 보라띤 하늘색 등에서 느끼며, 늦은 봄이라면 하늘은 선명한 cobalt blue, 나무는 선명한 녹색과 청색, 백광을 상징하는 흰색 그리고 햇빛이 닿은 곳은 chrome yellow 등의 색채에서 느끼게 될 것이다.

여름의 색감정은 나무의 색은 짙은 녹색(forest green)이고 하늘은 검정색, 해변은 cobalt blue, 그리고 원색의 강렬함과 작렬하는 태양, 백광의 흰색, 찬 느낌을 주는 ice blue등의 색채에서 느끼게 될 것이다.

가을의 색감정은 하늘은 짙은 cobalt blue, 나뭇잎은 황색, 산들은 chrome yellow, 붉은 산호색(coral) 단풍잎, 떨어진 낙엽색(olive bistre) 등이 있으며 청자색은 가을의 쓸쓸함을 표현하는 고아한 색이다. 또한 포도주 색은 미각과도 관계를 가진 색이다. 이러한 색채들에서 가을을 느끼게 될 것이다.

겨울의 색감정은 하늘은 grayish한 색조로 변하고 회색의 한색계통이 자연의 색이 되며 눈이 은백색으로 일색이 되기도 한다. 실내는 따뜻한 색과 우아한 색으로 채워진다. 실내의 창틀 색은 해맑은 황색띤 적색이면 좋다.

봄과 가을은 사람들에게 사랑을 받는 계절이나 여름과 겨울은 그 계절 나름의 색을 좋아하지 않는 것은 아니지만 오히려 그 계절의 반대색을 찾으려는 경향이다. 시즌컬러(season color)로서 자연환경의 색은 사계절을 통해 그대로 사용되고 있지만 겨울과 여름에 있어서는 계절의 반대되는 색채를 사람들은 추구하려 한다.

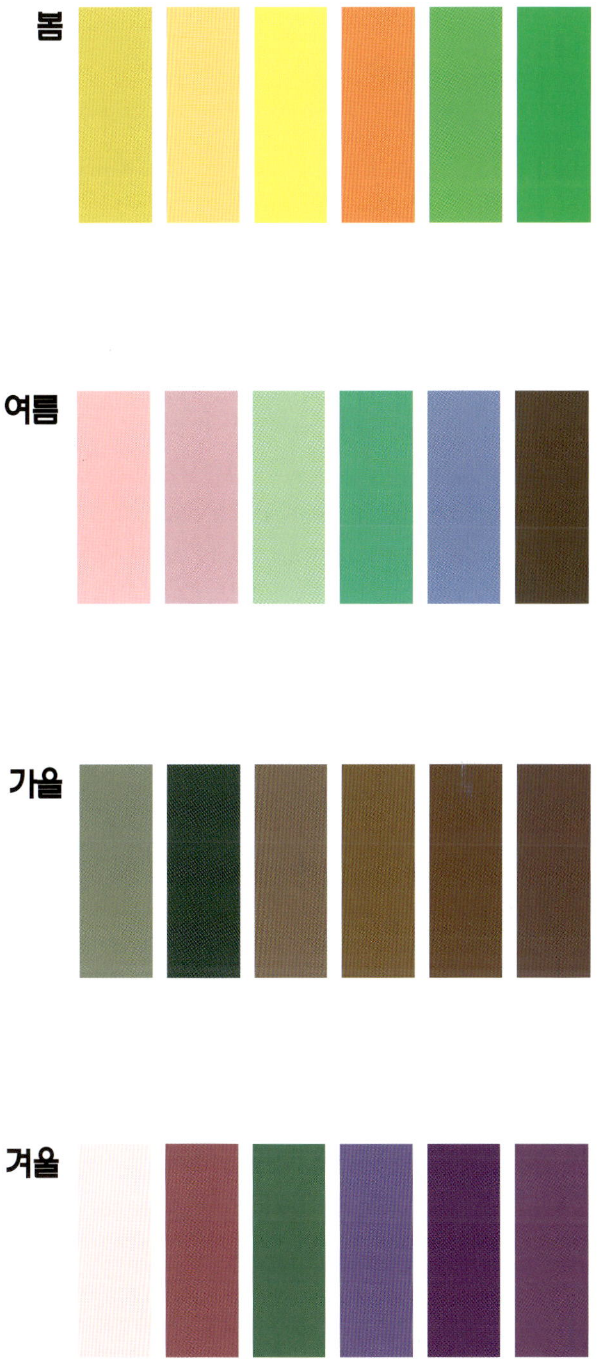

6. 퍼스널컬러

1) 퍼스널컬러의 개념

퍼스널컬러는 개인의 색채, 자신의 색채, 인격적 색채를 말하고 퍼스넬리티가 주된 형성요인이다.

본래의 퍼스넬리티는 그리스어의 프로소뽄(prosopon)과 라틴어의 뻬르소나(persona)를 어원으로 하고 있다. 이것은 그리스와 로마의 연극에서 배우가 쓴 가면에서 온 말로서 타인에 보여지는 개인의 외관, 자신의 생활에 있어서 연기하고 있는 역할, 각자에 내재되어 있는 개인적 성질의 총체 또는 개성, 개인의 존엄성 4가지로 나누어진다. 따라서 퍼스널컬러는 사람 각각의 그 특징적인 색채표현에 의해 그 사람의 인격, 개성, 역할을 나타내는 지적기능을 가지는 중요한 영역이다.

2) 퍼스널컬러의 요소

퍼스널컬러를 분석하기 위하여 피부색과 머리카락색, 눈동자색에 나타나는 자연색을 기본요소로 하고 있다.
〔색이 조화되어 보인다〕고 하는 것은 배색에 있어 위화감이 없다, 편안하다, 자연스런 인상을 주는 색의 조화라는 것이다. 개인에 따라 조화로운 색이라는 것은 객관적으로 봐서 젊음이 넘치고 건강하게 보이는 색, 명랑하게 보이는 색이 된다.

(1) 피부색

피부의 빛깔은 진피표층의 모세혈관내의 혈액의 빛깔과 표피 및 진피내의 색소에 의해 주로 결정되는데 혈액량이 많으면 붉은색을 띠고 적으면 창백하다. 정맥혈이 정체되면 청색을 띠거나 좀 검게 보인다. 표피의 멜라닌이 증가하면 황갈색 내지 갈색으로 보인다. 피부에서 멜라닌 색소는 빨간색(핑크 또는 장미빛), 오렌지색(복숭아), 자주색(연자주)과 무채색의 형태로 검정(흑단, 검푸른색), 갈색(검은 갈색에서 따뜻한 황갈색, 연베이지 또는 찬 자주 빛 붉은 갈색), 회색(짙은 회색), 흰색(아이보리색과 우유빛 흰색)에서 갈색빛이나 회색빛 또는 찬 기운이 도는 흰색이 있다.

푸른빛이 도는 피부색은 정맥이 표면 가까이 나와 있거나 혹은 약간은 분홍에서 발그레한 빛으로 보일 수도 있다. 노란빛의 바탕색을 지닌 얼굴은 베이지색이 더 많이 보이며 약간의 노랑에서 올리브색이 보인다.

(2) 모발색

현대인이 가진 모발의 빛깔은 황백색(금발머리)이라는 블론드에서 흑갈색, 흑색에 이르기까지 광범위하다. 이는 주로 모간속의 멜라닌색소가 많고 적음에 따라 빛깔이 달라지는 것이다. 전체적으로 모발색조는 하나일 수 도 있고 모발이 희끗해지고 있거나 햇빛을 받으면 여러 색이 될 수 도 있다.

모발색도 피부색과 같이 매우 밝은 금발, 백발, 은발, 브라운, 검정 등 사람에 따라서 천차만별이다. 모발색은 비록 짧은 머리의 분량이 적은 경우에도 얼굴 바로 옆에 오는 색이기 때문에 그 사람 전체의 색조를 결정하는 큰 요소가 된다.

봄

여름

가을

겨울

(3) 눈동자색

퍼스널컬러에서 눈동자색은 주로 홍채색을 말하며 눈동자 색은 안구와 시신경으로 이루어지고 안구벽은 3층으로 되어 있으며 가장 바깥층은 각막과 강막으로 구성되어 있다. 각막은 안구벽 전반부의 1/6-1/5을 차지하며 투명하고 흔히 검은 자위라 하는 부분이다. 홍채는 중막의 전단부로서 중앙에 원형의 동공이 있는 원반모양의 얇은 막으로 한국인의 경우 대개 흑갈색으로 보이는 부분이다.

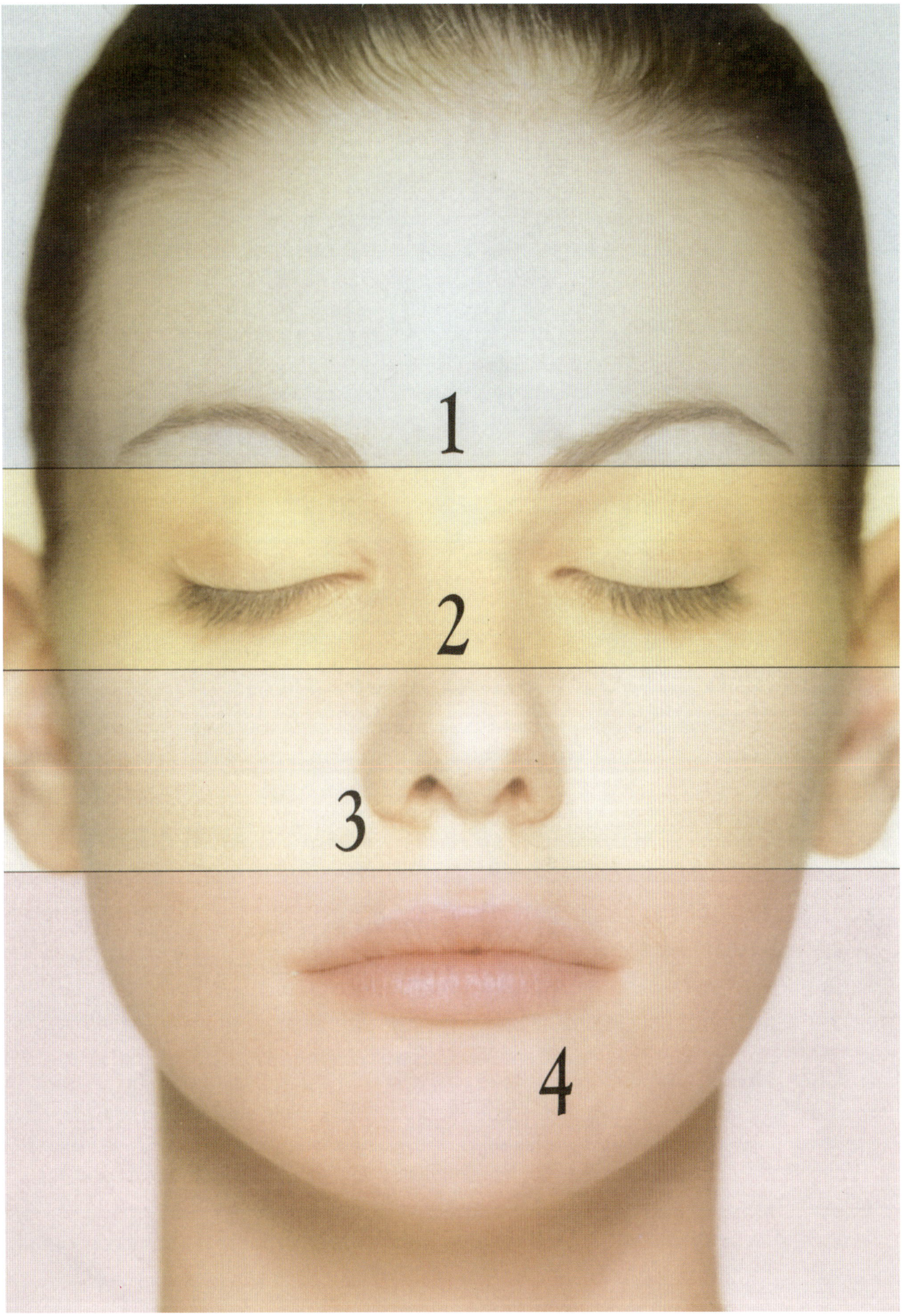
1
2
3
4

3) 시즌 컬러 시스템

퍼스널컬러의 각 요소에서 따뜻하고 부드러운 색을 지닌 그룹을 warm-light, 차고 부드러운 색을 가진 그룹을 cool-light, 따뜻하면서 짙은 색을 지닌 warm-deep, 찬색과 탁한 느낌을 지닌 그룹을 cool-deep으로 분류하였다.

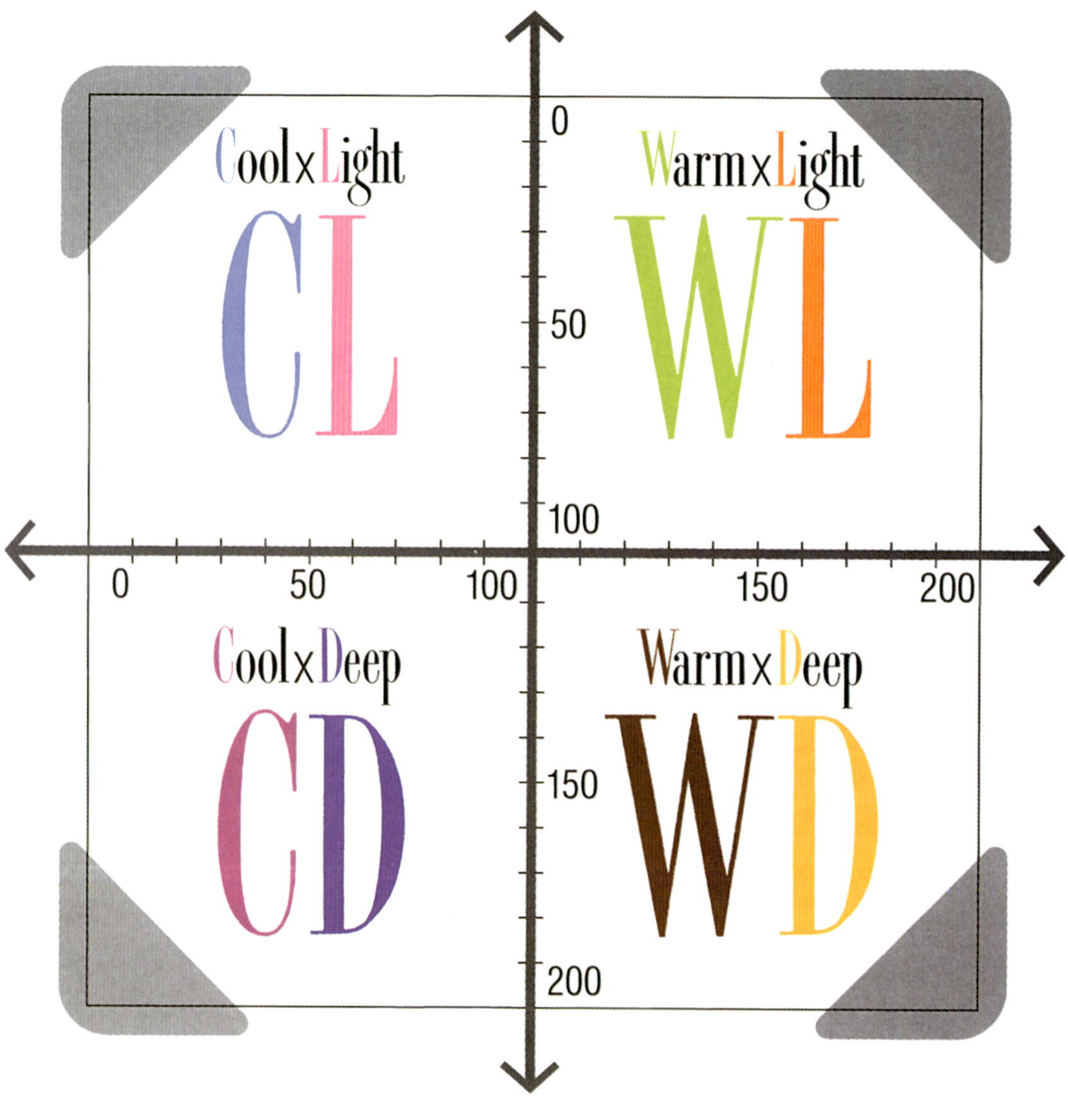

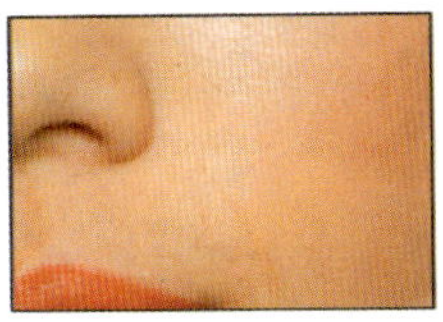

Warm×Light

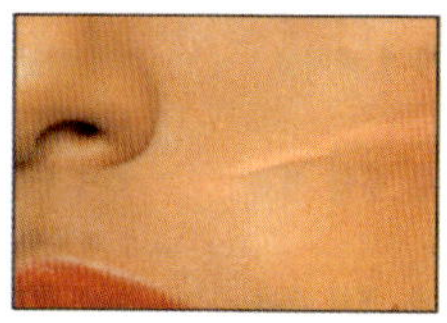

Warm×Deep

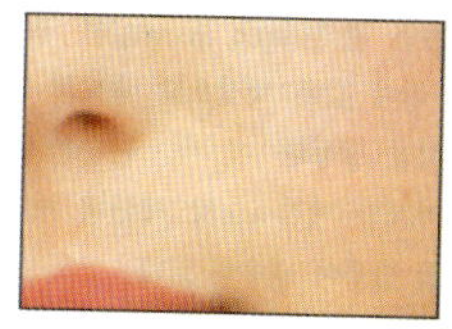

Cool×Light

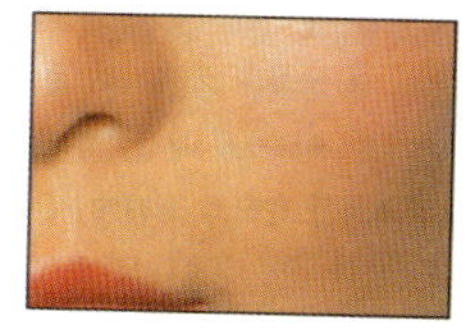

Cool×Deep

Warm×Light　Warm×Deep　Cool×Light　Cool×Deep

4) 타입별 컬러유형 분석

· 봄타입

▶ 신체적인 특징

• 봄사람의 피부는 밝거나 어두운 맑은 노란색을 띠고 있으며 투명하고 윤기가 돌며 언제나 젊어보이는 얼굴이다.

▶ 대표적인 색

• 노란 기미를 띠는 밝은 색들의 그룹이다.

• 라이트 옐로우, 웜 아쿠아, 오렌지 레드, 옐로우 그린이다.

▶어울리는 색

• 노란기가 있는 산호색, 옥색, 새싹색등의 색상

봄 타입과 색

여름 타입과 색

· 여름타입

▶ 신체적인 특징

• 여름사람의 피부는 희고 뽀얗고, 밝거나 어두우면서 붉은빛이다.

• 햇빛에 잘 타지 않으며 빨개져도 원래의 피부색으로 회복이 빠르다.

▶ 대표적인 색

• 푸른빛이 도는 파스텔 컬러와 같은 소프트한 색의 그룹이다.

• 파스텔 레몬, 로즈핑크, 스카이 블루, 딥로즈, 파스텔 블루그린 등이 있다.

▶어울리는 색

• 푸른기가 있는 파스텔 블루, 아이보리 계통의 색상

• 파스텔 컬러가 여름사람의 소프트한 아름다움을 강조해 준다.

· 가을타입

▶ 신체적인 특징

- 가을사람의 피부색은 탁한 노란 빛을 띠는 것이 특징이다.
- 햇빛에 잘 타서 잡티나 기미가 잘 생기고 윤기가 없다.
- 눈동자 색과 머리카락의 색은 밝은 갈색을 띠는 경우가 많으며, 머리에 윤기가 없고 푸석푸석한 느낌이다.
- 자연스럽고 차분한 이미지이다.

▶ 대표적인 색

- 노란빛이 도는 쉬크(chic)한 색의 그룹이다.
- 머스타드, 딥 피치, 딥 블루, 러스트, 모스그린 등이 있다.
- 낙엽진 가을산에서 볼수 있는 색으로, 가을사람이 이러한 색을 입으면 도회적인 이미지를 준다.

▶어울리는 색

- 노란빛이 있는 밝은 갈색류의 색상

가을 메이크업과 색

· 겨울타입

▶ 신체적인 특징

- 피부색의 특징은 밝거나 어두운 노란색이며 윤기가 돈다.
- 눈동자와 머리카락은 선명한 검정색으로 푸른빛이 돈다.
- 샤프하고 개성적이며 차갑고 도시적인 이미지가 강하다.

▶ 대표적인 색

- 푸른 빛이 있는 샤프한 비비드 컬러의 그룹이다.
- 레몬 옐로우, 퓨셔, 로열 블루, 블루 레드, 에메랄드 그린이다.

▶어울리는 색

- 푸른기가 있는 차갑고 선명한 색

4. 명암에 대한 이해

물체를 볼 때 눈에 관찰되어지는 것은 그 사물들의 변두리에서부터 반사되는 빛에 의해서 비롯되는 것이다. 따라서 얼굴도 빛의 방향에 따라 다양한 형태로 빛을 반사하게 되므로 각기 다른 모습으로 보여지게 되는 것이다.

만약 무대 연기자가 다른 사람으로 보여지길 원한다면 명암의 원칙을 이용하여 입체적인 시각 현상을 창조하여 메이크업 함으로써 실제 얼굴을 변형시킬 수 있을 것이다. 이 경우 새로이 조형된 얼굴은 본래의 정상적인 얼굴에서 상상되었던 것과 다른 빛의 형태를 반사시킬 것이므로 본래의 모델이 아닌 다른 얼굴로 보여질 것이다.

얼굴의 전체적인 윤곽이나 그 일부를 다시 조형시키는 대신 모델의 윤곽을 변형시켰을 경우에도 그 얼굴에서 반사될 빛의 형태와 조명을 통해 달리 보여질 수도 있을 것이다.

근본적으로 화가들이 하고 있는 작업이 이러한 것이다. 단지 평면적인 흰 캔버스대신 메이크업 디자이너는 입체적인 얼굴을 우선 그의 재료로 지니고 있는 것이다. 이러한 차이점에도 불구하고 그 원칙은 동일하다.

메이크업 디자이너나 화가들은 물체에 빛이 비쳐졌을 때 양자가 모두 물체의 실제 모양이 눈에 보이는 빛과 그들의 상태를 관찰해야 하며 그 후 빛과 그늘, 밝기와 어두움의 정도별로 빛깔들을 사용하여 일정한 형태를 재창조해 내야 한다.

그러나 화가들은 그리고자 하는 어떠한 현상이든 창조해 낼 수 있는 자유를 갖고 있지만 메이크업 디자이너들은 제한을 받으며, 또한 화가가 작품에 필요한 빛의 근원을 일단 결정하면 그 빛의 근원은 고정된 것이지만 무대 위에서는 연기자들의 움직임 때문에 빛과 얼굴의 연관성이 항상 변화되는 점이 다르다.

얼굴 평면에 입체적인 환상을 만들어 시선을 이끌기 위해서는 돌출과 함몰의 명암에 대한 원칙을 인식하여 표현해야 한다.

이목구비가 또렷한 얼굴 형태를 연출하기 위해서는 베이스, 쉐딩, 하이라이트로 구분되는 명암의 대비를 이용하여 피부표현을 잘하여야 한다.

베이스는 피부색에 가장 가까운 색으로 얼굴 전체와 손, 목 등 노출된 피부 전체에 사용한다.

쉐딩은 베이스보다 2~3단계 더 어두운 색상이다. 코벽이라든지 광대뼈 아래부분에 발라서 들어가 보이거나 축소되어 보이는 효과를 준다.

하이라이트는 베이스보다 2~3단계 더 밝은 색상이다. 광대뼈라든지 턱과 콧대 부분에 발라서 돌출되는 효과를 준다.

그런데 이러한 명암은 시중에 판매되고 있는 다양한 색상의 팔레트를 이용하여 선택할 수도 있으나 메이크업연출을 정확히 하기 위해서는 사람의 피부색에 적합한 색상을 그때 그때 사용할 줄 알아야 한다.

(1) 하이라이트(highlight) 표현

하이라이트는 특정 신체부위를 들어나게 만들거나 하이라이트를 바른 주위의 부분을 들어가게 만드는데 효과적이다. 따라서 하이라이트의 색상은 보통 베이스 색상보다 약 2단계정도 밝은 색상을 사용하게 된다.

하이라이트는 베이스 색상에 밝은 색상을 첨가하여 만드는데 피부색이 아주 밝은 경우에는 흰색을 적당량 혼합하여 만들고, 약간 어두운 색상의 피부는 밝은 노랑색을 첨가하여 만든다.

- 이마(forehead) : 점으로 표현된 부분은 이마의 가장 튀어나온 곳으로 모양은 다양하다.
- 눈썹뼈(eye orvital bone) : 눈썹산 바로 밑부분으로 눈썹 끝부분
- 코(nose) : 코와 콧구멍 위 평평한 부분(콧대)
- 광대뼈(cheek bone) : 광대뼈의 가장 튀어나온 부분을 찾아내 눈가에서 시작해 헤어라인 쪽으로 연결시켜 준다. 이 밝은 부분과 뺨의 어두운 부분 사이에 베이스색상을 위해 공간을 남겨둔다.
- 입술(lips) : 아랫입술 모양을 참조
- 턱 (chin) : 아랫 입술 밑부분의 새도우 부분과 연결하여 턱의 평평한 밝은 곳과 만나게 한다.
- 턱뼈(jawbone) : 가볍게 턱선을 강조하고 앞쪽으로 사라지게 한다.

(2) 쉐딩(shading) 표현

쉐딩을 만들기 위해서는 미리 만들어 둔 베이스 색상에다 적갈색과 같은 어두운 색상을 소량 더 첨가한다. 만일 피부가 어두운 경우에는 아주 약간의 자주색이나 푸른색을 가미할 수도 있다.

쉐딩 색상을 혼합한 후 모델의 볼뼈 아랫부분에 브러쉬로 살짝 선을 그어서 모델의 피부색과 어울리는지를 확인해 본 다음 가볍게 두드리면서 펼쳐준다.

쉐딩의 색상이 너무 밝아서 베이스 속으로 사라져 구분이 안될 경우에는 좀 더 어두운 색상을 혼합하면 된다.

쉐딩의 적절한 명도는 2~3m 떨어진 곳에서 베이스 위에 있는 음영이 발견되는 정도가 적당하다.

- 관자놀이(temple) : 들어간 관자놀이, 뼈가 만져지는 부분에서 뒤쪽으로
- 코(nose) : 코뼈에서 눈썹 앞머리까지 연결시켜 준다(노오즈 섀도우).
- 눈(eye) : 눈꺼풀 위에서 눈썹뼈 밑의 어두운 부분(아이홀 부분)
- 뺨(cheek) : 광대뼈 아래 부분에서 눈 꼬리로 내려오는 선의 바깥쪽으로 삼각형 모양으로 형성되는 부분
- 입술(lips) : 아랫입술보다 윗입술에 어두운 색을 사용하여 윗입술 형태를 만든다.
- 턱(chin) : 아랫입술 밑부분
- 턱뼈(jawbone) : 귀밑에서 시작해 턱뼈까지 연장한다. 대개 여자보다 남자가 더 강하다.

14034 DC Red 81
19003
198891

5. 기본 테크닉의 이해

메이크업을 익숙하게 하기 위해서는 혼합된 색을 브러쉬나 손가락을 이용하여 효과적으로 표현하는 테크닉을 습득해야 한다. 이를 위해서는 선긋기(Lining), 패더링(Feathering), 블랜딩(Blending)이라 불리우는 기본 테크닉을 이해하여야 한다.

- 선긋기(Lining)란 브러쉬로 얼굴에 맨처음 색을 바를때 또는 주름 등을 그을때 사용하는 테크닉을 말한다
- 패더링(Feathering)이란 선(Line)을 그은 후 이를 가볍게 펼쳐주는 테크닉이다.
- 블랜딩(Blending)이란 선긋기와 패더링으로 바른 색을 베이스 전체에 자연스럽게 펴져 어울리도록 하는 테크닉이다.

1) 선긋기(Lining)기법

선을 긋는 동안 브러쉬의 끝은 항상 뾰족하고 납작하게 유지되어야 한다. 손떨림을 방지하기 위하여 새끼손가락을 피부에 가볍게 대고 지탱한 후 한번의 획으로 선을 긋는다.

각각의 선을 끝낼 때 쯤에는 누르는 힘을 줄여서 브러쉬를 들어 올리면 선의 끝을 자연스럽게 사라지게 할 수 있다.

2) 패더링(Feathering)기법

패더링이란 선긋기로 색을 바른 후 브러쉬를 이용하여 가볍게 펼쳐서 베이스색으로 섞여 들어가게 하는 테크닉을 말한다. 선긋기를 한 후 브러시를 휴지 사이에 끼고 가볍게 당겨서 브러쉬에 남아 있는 메이크업 제품을 제거하고 브러쉬의 끝을 뾰족하게 만든다.

원래 선의 가장자리에 브러쉬의 넓은 면을 대고 브러쉬의 끝을 가볍게 들어 올리는 동작을 반복하면서 깃털 모양으로 색을 펼쳐준다. 그 다음에는 선의 가장자리를 손가락으로 가볍게 두드려서 베이스색과 고루 혼합시킨다.

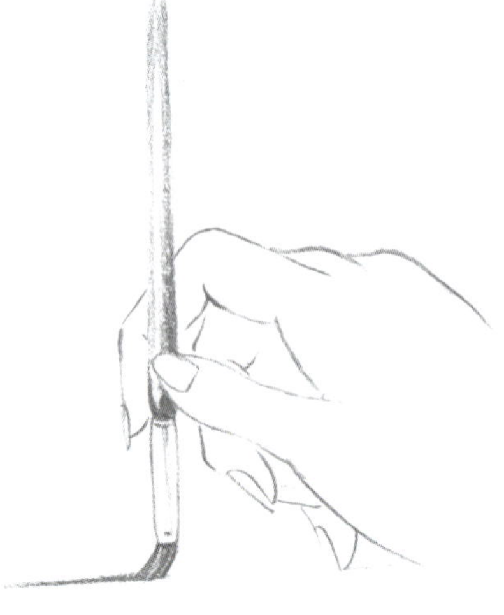

선긋기

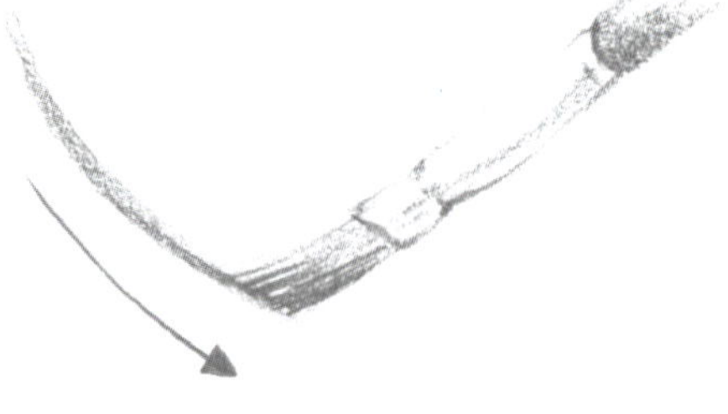

패드링 1

패드링 2

3) 블랜딩(Blending)기법

블랜딩이란 섀도우나 하이라이트를 베이스색과 완전하게 조화가 이루도록 혼합하는 것을 말한다. 패더링기법에 비하여 많은 정성과 시간이 소요되고 섬세한 기술이 요구되지만 자연스러운 메이크업 연출이 가능하기 때문에 숙달된 전문가들은 섀도우나 하이라이트의 톤이 베이스색과 차이가 날 경우에 자주 사용하는 기법이다.

블랜딩은 스펀지를 이용하여 실시하기도 하지만 손가락을 이용하여 토닥토닥 두드려주는 Pat & Pat 방법과 두드리고 문지르는 Pat & Silde 방법이 있다.

• 가볍게 두드려주는 방법(Pat & Pat)

손가락 끝을 재빨리 위 아래로 들어 올려서 피부와 부드럽게 접촉을 하는 것으로써 가볍게 두드리는 과정에서 생긴 손가락 자욱이 서로 겹치게 되면서 섀도우나 하이라이트의 색이 베이스 색과 고루 혼합하게 된다.

• 두드리고 문지르는 방법 (Pat & Silde)

손가락 끝부분을 패드처럼 이용하여 두드린 후 손끝으로 경계선 부위를 고르게 문지르는 것으로서 Pat & Pat 방법보다 간단하여 베이스색이나 섀도우를 얇게 발랐을 경우나 색상차이가 크게 나지 않을 경우에 사용하는 방법이다.

섀도우 가장자리 끝에서 가볍게 두들겨 색을 혼합한 후 이 부분과 중복되면서 아래쪽 라인색도 다시 한번 똑같이 두드려 준다.

전체 가장자리 부분이 베이스 색상과 잘 혼합되도록 가장자리를 따라서 가볍게 두드려 준다. 이 후 아랫부분의 작업이 끝났으면 위쪽 부분도 위의 요령과 동일하게 블랜딩한다.

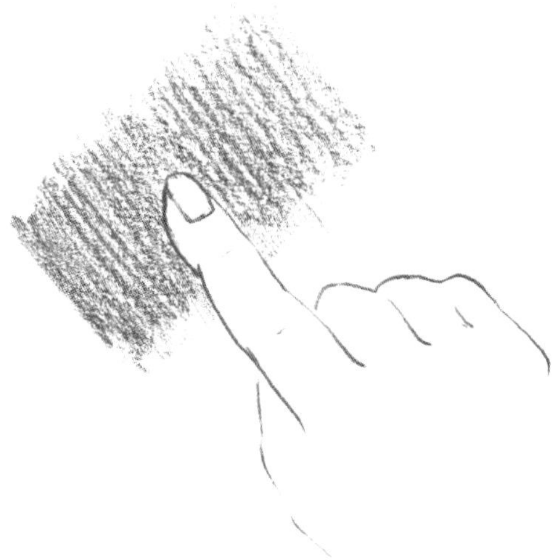

블랜딩 1

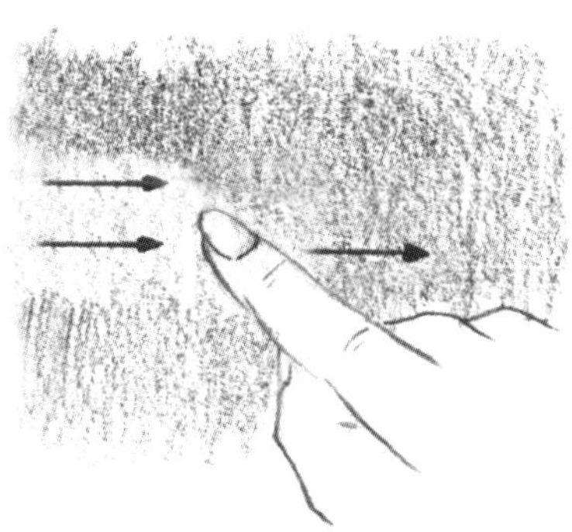

블랜딩 2

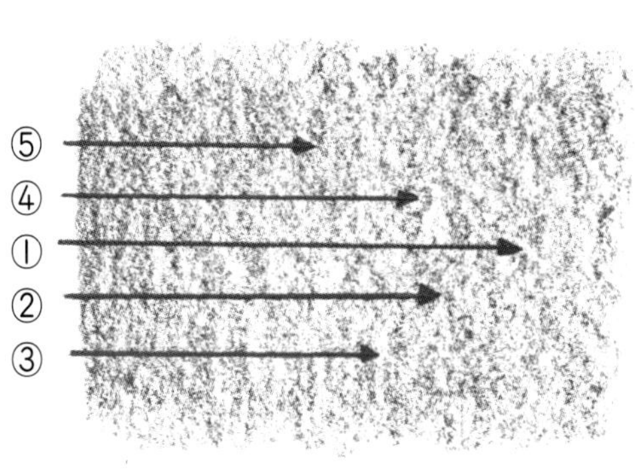

블랜딩 3

6. 도 구

1) Base make-up도구

· 페이스 파우더

· 윤곽용 브러쉬

· 페이스 파우더 브러쉬

· 치크 브러쉬

· 볼연지

· 퍼프

· 메이크업 베이스

· 안티스틱

· 페이스 브러쉬

· 파운데이션

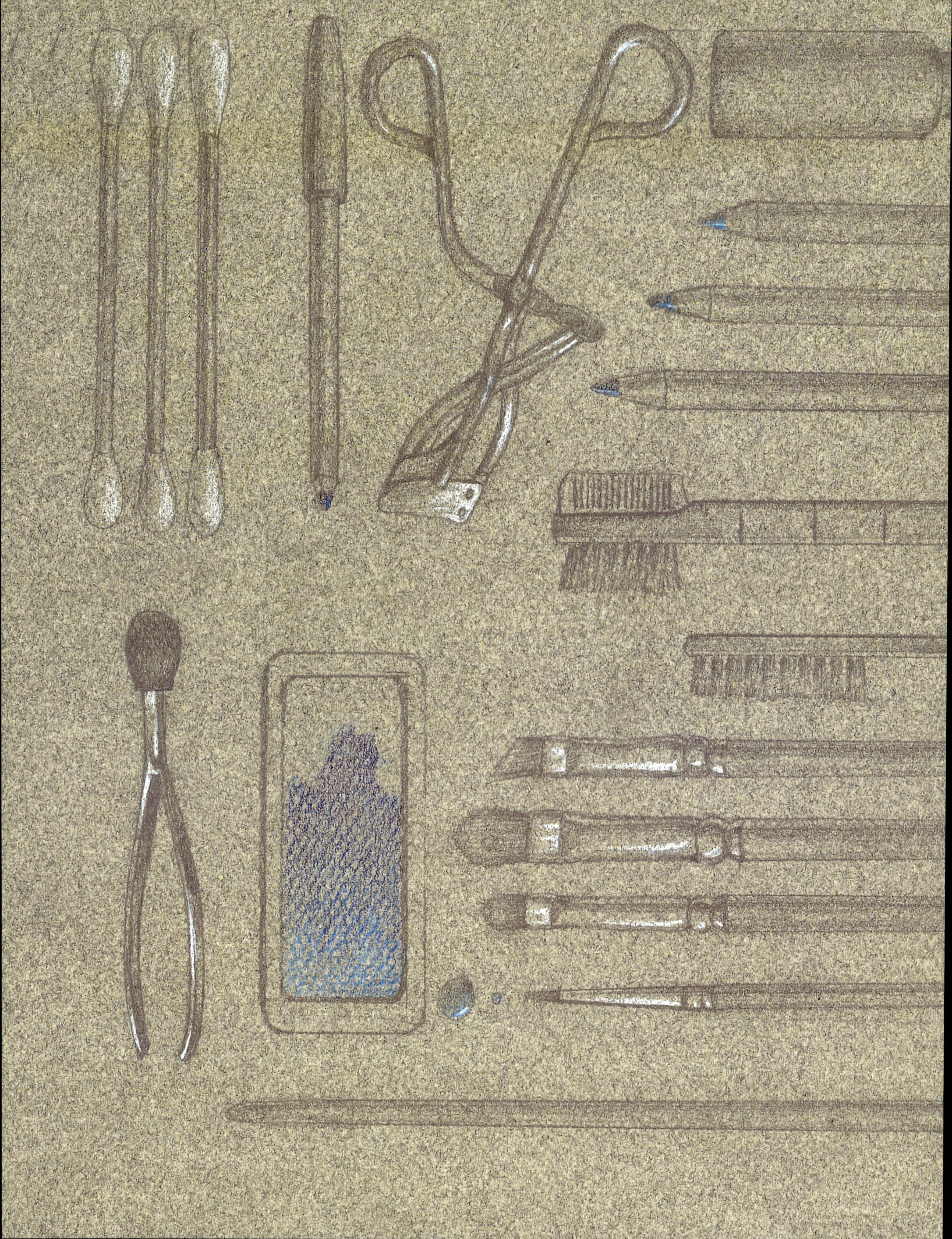

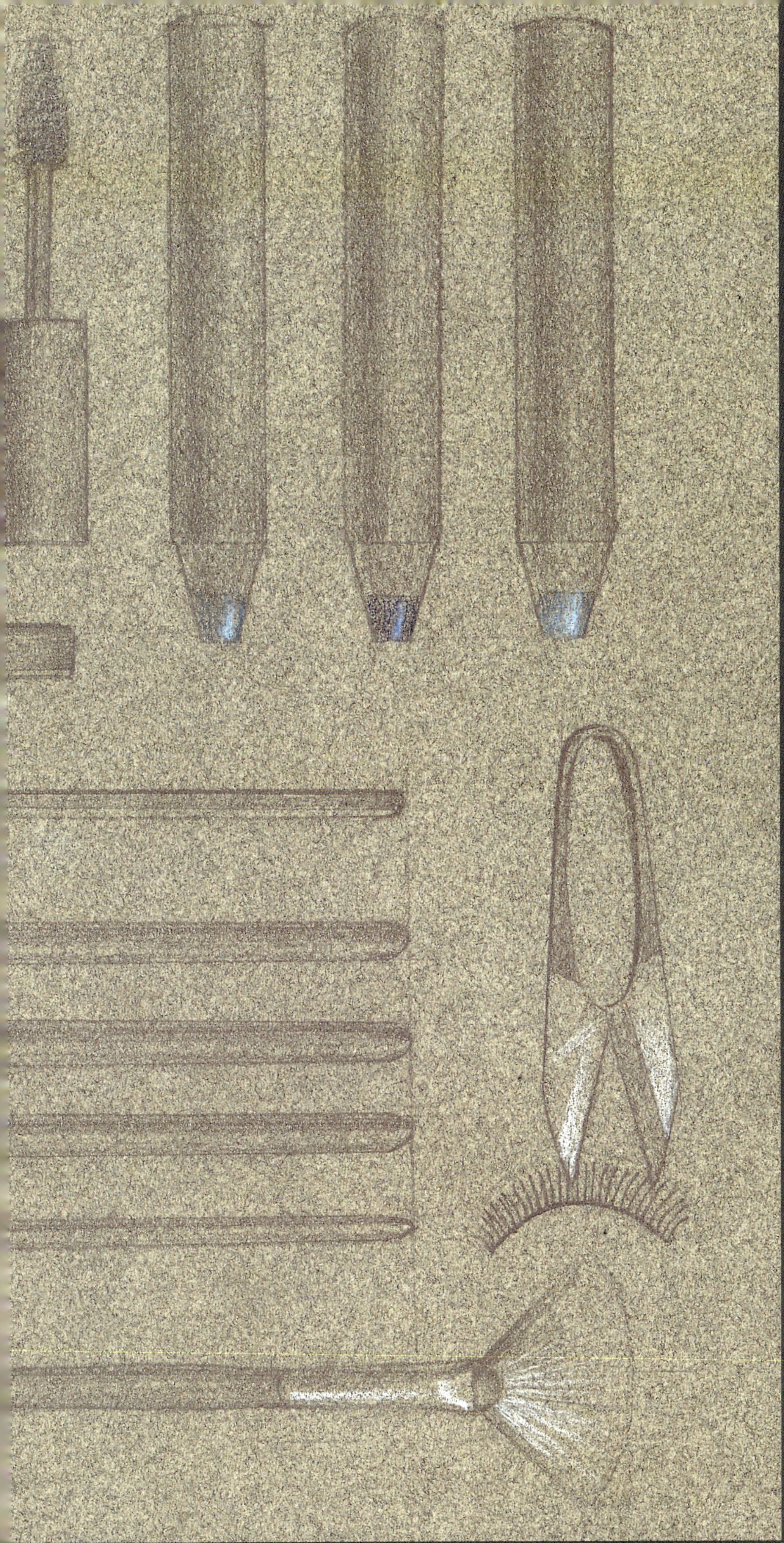

2) Eye make-up 도구

- 눈썹브러쉬
- 가위
- 속눈썹용 브러쉬
- 아이섀도우
- 볼연지
- 마스카라
- 파우더용 브러쉬
- 쪽집게
- 아이라이너
- 인조 속눈썹
- 면봉
- 아이래쉬 컬

3) Lip make-up 도구

· 파우더 상자

· 퍼프

· 립스틱

· 파우더용 브러쉬

· 립브러쉬

· 티슈 페이퍼

· 립라이너 펜슬

4) 필수적인 메이크업 도구

메이크업에 있어서 무엇인가를 창조하는데 도구는 필수적인 부분이므로, 도구의 성질이나 사용법을 알아야 한다.

• **탈지면(화장솜)**

탈지면을 잘라서 작은 탈지면을 만들어 사용한다. 원하는 크기모양으로 직접 만들어 사용하면 편리하다. 탈지면은 스킨 등의 화장수를 바를 때 사용되며 피부표면의 각질제거 역할도 한다. 또 아이섀도우, 립스틱, 마스카라 등 포인트 메이크업을 지울 때 편리하다.

• **티슈 페이퍼(Tissue Paper)**

메이크업에 없어서는 안되는 도구로서 피부의 유분기를 제거하거나 립스틱을 사용할 때 각종 브러쉬를 사용할 때 등 여러모로 꼭 필요하다.

• **면 봉**

메이크업을 깔끔하게 지켜주는 작은 필수품이다. 양쪽 눈 끝을 깨끗하게 해 주거나 섀도우를 자연스럽게 펴주며 잘 못된 립스틱을 수정 할 때에도 사용된다. 또 아이라인이나 마스카라가 잘못되었을 때에도 사용되며 메이크업할 때 항상 면봉을 준비해 두어야 한다.

• **스폰지 퍼프(Sponge puff)**

파운데이션이나 베이스 등을 골고루 쉽게 펴 바를 때 사용한다. 스폰지는 감촉, 모양에 따라 여러 종류가 있다. 메이크업 부위에 맞춰 잘라 쓰거나 적당한 모양으로 골라 사용하면 편리하다.

세척 시는 미지근한 물을 사용하며 너무 뜨거우면 스폰지 구멍이 넓어지고 온도가 낮으면 스폰지의 오염물이 잘 제거되지 않는다.

• **면 퍼프**

페이스 파우더인 가루 파우더를 바를 때 사용하는 분첩이다. 면이나 합성 섬유로 된 것이 많은데, 피부에는 면이 좋으며 곱게 바를 수 있어 면 퍼프가 편리하다. 분첩은 메이크업시 모델의 얼굴표면에 파운데이션과 디자이너의 손과 마찰되어 일어나는 문제점을 방지하기 위해 받침대 역할에도 사용된다.

사용 후 향비누 등 중성세제를 이용하여 세척하며 마른 타월 위에 놓고 말린다. 퍼프 안에 들어있는 천이나 심이 한쪽으로 밀리지 않도록 주의하여 세척하여야 한다. 퍼프는 용도가 다양하므로 여러 개를 준비하는 것이 좋다.

• **스파튤라(Spartular)**

립스틱, 크림, 파운데이션 등을 용기에서 덜어내어 위생적으로 사용할 수 있으며 간단한 컬러 테스트도 할 수 있다.

• **파렛트 (Palette)**

립스틱이나 파운데이션 기타 다른 재료를 혼합할 때 사용되며 컬러테스트시 손등을 이용하는 경우가 많은데 파렛트를 이용하는 것이 위생적이다.

비슷하고 고무에 탄력이 있는 것을 선택하는 것이 좋다.

• **수정 가위**

눈썹을 수정 할 때 사용하며 눈썹이 난 방향에 가위를 넣어 잘라 준다.

- **속눈썹 빗**

눈썹을 엉겨 붙지 않게 하는데 사용되며 특히 마스카라가 뭉쳤을 경우 빗어 주는 빗이다.

- **족집게**

수평인 족집게 혹은 끝이 경사진 족집게가 있으며 지나치게 숱이 많은 눈썹이나 무질서하게 난 눈썹정리에 용이하며 눈썹을 뿌리까지 뽑아주는데 사용한다.

- **아이래쉬 컬**

속눈썹에 결을 만드는 기구로서 눈의 가로 폭과 아이래쉬 컬러의 크기가 비슷하고 고무에 탄력이 있는 힘이 있는 것을 선택하는 것이 좋다.

- **브러쉬**

브러쉬는 어디에 사용하는 지, 어떤 재료로 만들었는 지, 또 크기가 어떤 지에 따라 여러 종류로 나뉜다. 붓의 종류는 아이섀도우 브러쉬, 치크 브러쉬, 눈썹용 브러쉬, 아이라이너 브러쉬, 립 브러쉬, 페이스 브러쉬, 팬 브러쉬 등이 있다. 브러쉬의 재료는 족제비털, 오소리털, 조랑말 꼬리털, 담비털, 합성섬유 등 여러 종류가 있다.

브러쉬를 용도에 따라 분류하면 아이 브러쉬, 아이섀도우 브러쉬는 다양한 호수를 구비하는 것이 다양한 섀도우 테크닉을 구사하는데 용이하다.

즉 부드럽게 그라이데이션 하기 위해서는 브러쉬 끝부분이 둥그스럼한 것이 효과적이며 선명한 선을 처리하기 위해서는 끝부분이 반듯하게 잘려진 브러쉬가 좋다. 그래서 아이섀도우 브러쉬는 여러 종류의 크기가 필요하다.

- 아이브러쉬(eye brush) : 아이라인의 선을 섬세하고 깔끔하게 그리기 위해서는 숱이 삭고 길이가 긴 아이브러쉬가 편리하다. 특히 액체 타입은 그리기 편리하나 물을 첨가하여 사용하는 고체 타입의 경우 농도가 진해 불편 할 수 있으므로 붓길이를 짧게 조정하여 사용한다.

- 눈썹용 브러쉬(brow & lash brush) : 눈썹 화장시 눈썹을 자연스럽게 빗어줄 때 또는 눈썹결을 살려주기 위해 눈썹결 방향으로 빗어 줄 때 사용한다.

- 립 브러쉬(lipstick brush) : 민감한 부위이므로 특히 질이 좋은 브러쉬를 사용해야 하며 입술 붓은 털이 부드럽고 길이가 일정하고 탄력성이 좋아야 한다. 끝이 둥근 라운드형 브러쉬와 끝이 반듯하게 잘려진 스트레이트형 브러쉬가 있는데 라운드형 브러쉬는 곡선 진 입술을 그릴 때 편리하며 스트레이트형 브러쉬는 각진 입술을 그릴 때 편리하다.

- 블러셔용 브러쉬(brusher brush) : 털이 부드럽고 양이 풍성한 브러쉬로 사용하며 윤곽수정이나 오목한 볼에 그늘을 만들기 위해 사용하며 하이라이트 브러쉬와 크기가 비슷하다.

- 팬 브러쉬(fan brush) : 충분한 파우더를 바른 후 파우더를 털어주는 부채꼴 모양으로 생긴 브러쉬이다.

- 페이스 브러쉬(face brush) : 메이크업붓 중 가장 크고 부드러운 브러쉬로 퍼프 대신 파우더 처리를 하거나 과다한 파우더를 떨어 내주고 투명한 느낌의 마무리를 가져다준다.

- 마스카라 브러쉬(mascara brush) : 빳빳하고 촘촘하게 털이 박힌 브러쉬는 마스카라액을 발라서 눈썹가락을 따로 따로 펴 주는데 사용된다.

Ⅳ. 기본 메이크업의 이론

1. 기초 메이크업

2. 아이 메이크업

3. 코 메이크업

4. 립 메이크업

5. 볼 메이크업

BASIC MAKE-UP

1. 기초 메이크업(Base Make-up)

기초 메이크업은 일반적으로 바탕화장을 말한다. 즉 피부색을 표현하는 화장이라는 뜻이다. 메이크업 베이스, 파운데이션류, 페이스 파우더류가 바탕화장에 속한다.

1) 메이크업 베이스(Make-up Base)

(1) 메이크업 베이스의 목적

① 파운데이션 및 색조화장 등 피부를 여러 가지 위험요인으로부터 보호해 준다.
② 피부색을 조절하여 피부색 보정역할을 해 준다.
③ 파운데이션의 밀착력을 증대시켜 준다.
④ 메이크업을 오래 지속시켜 준다.

(2) 메이크업 베이스의 종류

① 언더 베이스(Under Base) : 피부의 지방분을 흡수하고 지속시켜 준다.
② 커버 베이스(Cover Base) :안티스틱이라고도 하며 기미, 주근깨, 눈밑그림자 등을 커버하는데 용이하다.
③ 컨트롤 컬러 (Control Color) : 피부색을 목적에 따라 조절하여 준다.

(3) 메이크업 베이스의 색상에 따른 효과

메이크업 베이스의 색상선택 요령 중 가장 바람직한 방법은 피부색과 보색관계에 있는 색상을 선택한다.

① 그린계열 : 피부가 얇거나 모세혈관이 확장되어 붉은 피부나 여드름자국 등 전체적으로 붉은 기운의 잡티가 많은 피부에 적합하다.
② 핑크계열 : 생기가 없어 창백해 보이는 노란기운의 피부에 혈색을 부여해 피부색을 밝고 화사하게 표현해 준다.
③ 옐로우계열 : 까무잡잡한 피부를 노르스름하게 중화시킬 때 표현한다.
④ 오렌지계열 : 썬탠(Suntan)한 느낌의 건강한 피부색을 표현할 때 사용한다.
⑤ 퍼플계열: 칙칙하거나 누렇게 뜬 피부 또는 동양인의 피부표현에 적합하다.
⑥ 화이트계열 : 피지량이 많아 칙칙하고 지저분해지는 피부나 어두운 피부색을 맑고 투명하게 해준다.

(4) 메이크업 베이스 바르는 테크닉

메이크업 베이스는 화장수를 바른 뒤 파운데이션을 사용하기 전에 바르며 너무 두껍지 않게 손으로 펴 바르거나 스펀지로 두들겨 마무리하는 것이 요령이다.

건성 피부의 경우 파운데이션만 바르면 피부가 메마르게 되므로 반드시 메이크업 베이스를 바르도록 한다. 메이크업 베이스는 모델의 여러 존을 고려하여 색과 타입을 결정한 후 소량을 양볼, 코, 턱, 이마 등에 찍은 다음 잘 펴 바른다. 지나치게 많이 바르면 오히려 파운데이션이 밀리게 되므로 적당량을 바르는 것이 중요하다.

2) 파운데이션(Foundation)

Foundation은 영어에서 기초를 의미하며 Base Make-up 중 아주 중요한 역할을 한다.

(1) 파운데이션(Foundation)의 목적

① 피부색을 일정하게 조절하여 이상적인 이미지의 피부색을 표현한다.
② 피부의 결점인 기미, 여드름, 주근깨, 잡티를 커버해 주며 이상적이고 건강한 피부색으로 보완해 준다.
③ 공해, 바람이나 먼지, 추위, 자외선 등 외부의 유해자극으로부터 피부를 보호한다.
④ 2~3가지의 색상을 이용하여 얼굴의 윤곽을 수정해 주고 입체감을 부여해 준다.

(2) 파운데이션의 종류와 성분

① 리퀴드 파운데이션(Liquid Foundation)
수분과 유분의 안뇨성분 등 파운데이션의 주성분 중 수분함량이 가장 많아 촉촉하며 피부에 대한 친화력과 밀착감이 우수한 제품으로, 특히 건성피부 타입에 좋고 투명감있게 마무리 되므로 피부 결점이 없는 피부에 좋으며 자연스럽게 표현된다. 반면에 커버력과 지속력은 떨어지는 경향이 있다.

② 크림형 파운데이션(Cream Foundation)
건성피부 타입에 좋으며 외부로부터 효과적인 보호막을 형성하므로 리퀴드 파운데이션보다 커버력이 우수하여 모든 피부에 일반적으로 사용이 무난하나 지성피부에는 여러모로 불리하다.

③ 스틱형 파운데이션(Stick Foundation)
유분과 수분을 적당히 배합하여 고체화한 제품이므로 다른 종류의 파운데이션 보다 피부의 결점을 보완하는 커버력이 좋아 방송, 무대 등에서 폭넓게 활용되며 지속력이 우수하다. 그러나 잘못 사용하면 두께감 때문에 피부표현이 부자연스러운 단점이 있다. 일반적으로 전문 아티스트용으로 많이 사용한다.

④ 스킨커버 (Skin Cover)
피부에 잡티가 많아서 완벽한 커버를 필요로 하는 경우에 사용되며 커버력이 강한 만큼 피부에 느끼는 부담이 클 수도 있다. 메이크업을 지울 때는 크린징(Cleansing)에 각별히 신경을 써야 한다.

⑤ 파우더 파운데이션(Powder Foundation)
매트한 타입의 파운데이션으로 휴대하기 간편하며 여름철이나 넓은 면에 스피드한 메이크업 시에 많이 사용된다. 다른 종류에 비해 커버력이 약하다.

⑥ 투웨이 케익(Twoway Cake)
자외선 차단제가 포함되어 있어 주로 자외선이 강한 봄, 여름철에 많이 사용되며 매트한 타입이어서 휴대하기 간편하다.

⑦ 팬 케익(Pan Cake)
스펀지를 물에 적셔 바르는 수용성 파운데이션으로 방수성과 내수성, 지속성이 우수하여 장시간 흐트러짐이 없는 제품으로서 사용이 편리하고 밀착감이 좋으므로 신부화장이나 장시간 동안 조명을 받는 패션쇼의 모델에게 용이한 장점이 있으나 리퀴드 파운데이션에 비해 색의 혼합이 쉽지 않다.

⑧ 컨실러(Concealer)
피부의 음영이나 상처, 점, 자국 등 함몰된 부위의 피부톤 조절 효과를 주고 대체적으로 부분커버에 사용되는 파운데이션이며 커버력이 우수하다. 펜슬타입, 크림타입, 스틱타입 등이 있으며 기미나 주근깨, 문신, 잔주름 등의 결점을 커버하는 효과가 높다.

(3) 피부타입에 따른 파운데이션 선택법

① 건성피부

건성피부는 버석거리고 건조한 피부로 유분과 수분이 부족하다. 그러므로 파운데이션이 잘 발라지지 않는다. 파운데이션은 매트한 타입보다는 유분기도 많이 함유하고 있는 크림타입이나 리퀴드타입이 적당하다.

② 지성피부

지성피부는 얼굴에 유분이 많고 번들거림이 많아 화장이 쉽게 지워지는 특징이 있다. 이런 피부타입에 맞는 파운데이션은 수분을 많이 함유한 리퀴드(liquid) 타입이나 파우더 파운데이션처럼 산뜻하고 매트한 타입의 파운데이션을 선택하는 것이 좋다.

③ 잡티가 많은 얼굴

잡티가 많은 얼굴은 커버력과 지속력이 뛰어난 스킨커버 타입의 파운데이션이나 스틱 파운데이션이 적당하다.

(4) 파운데이션을 바르는 테크닉

① 이마와 머리카락의 경계선이나 얼굴과 목의 경계선에도 뚜렷이 차이가 나지 않도록 주의하여 바른다.

② 파운데이션을 고르게 펴 바르고 명암을 잘 표현하기 위해서는 손가락이나 스펀지를 이용하여 두드리거나 문질러 주는 패팅(patting)기법과 슬라이딩(sliding)기법이 있다.

③ 명암과 파운데이션의 적용에는 검지와 중지 인지의 끝부분을 이용하여 두드리고 문지른다. 따라서 자연스러운 효과를 볼 수 있을 뿐 아니라 오래 유지할 수 있다. 일반적으로 파운데이션을 바를 때에는 패팅과 슬라이딩 기법을 반복해서 사용하는 것이 효과적이다. 처음 얼굴전체에 파운데이션을 펼 때에는 슬라이딩 기법을 사용하고 파운데이션을 밀착시키기 위해서는 패팅기법으로 두드리는 것이 좋다.

* 일반적인 주의사항

- 아랫턱부위 뺨, 입술 및 입술주위, 코와 콧등, 이마와 관자놀이, 목의 순서로 바른다.
- 머리카락 끝부분과 턱 하단부의 안쪽, 귀 및 코 아래부위 등과 같이 눈에 띄지 않는 부분까지 꼼꼼히 발라주어야 한다.
- 눈주위에는 파운데이션이 잘 발라지지 않으므로 인지끝에 파운데이션을 묻혀서 가볍게 문질러 주면 깔끔하게 발라진다. 이때 눈의 아랫부분은 외각에서 내각쪽으로 발라주고 윗눈꺼풀은 내각에서 외각쪽으로 발라준다.

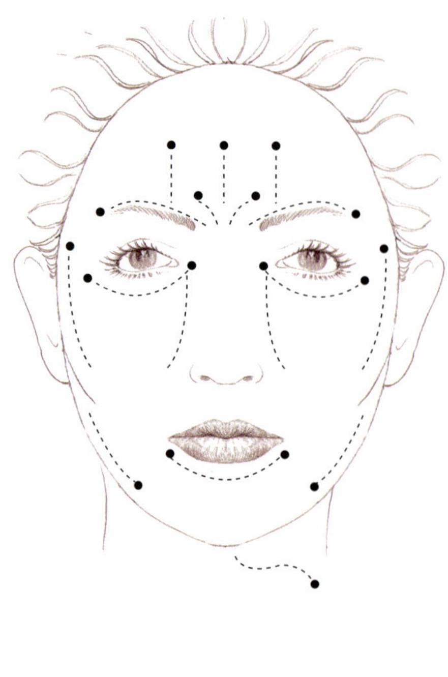

3) 페이스 파우더(Face Powder)

(1) 파우더의 사용 목적 및 기능

① 파운데이션의 유분과 수분을 흡수하여 피부를 투명하고 자연스럽게 표현해 준다.
② 피부표면의 피지나 땀을 흡수하여 번들거림을 방지하고 메이크업을 고정시켜 준다.
③ 자외선으로부터 피부를 보호해 준다.
④ 기초와 색조 메이크업을 오래 지속시켜 준다.

(2) 파우더의 종류

① 투명 파우더

파운데이션의 색상이 그대로 유지되어 투명하고 깨끗한 피부표현이 된다.

② 그린계열 파우더

붉은기가 많은 얼굴에 사용되면 붉은색을 중화시켜 깨끗한 피부표현에 도움을 준다.

③ 핑크계열 파우더

창백한 피부에 혈색을 부여하며 귀엽고 사랑스런 이미지를 준다.

④ 오렌지계열 파우더

화사하고 건강한 이미지를 주며 신선하고 생동감을 준다.

⑤ 퍼플계열 파우더

화려한 분위기를 연출하므로 파티메이크업이나 나이트메이크업시 매력적인 이미지를 준다.

⑥ 휘니쉬 계열 파우더

펄을 함유하고 있으므로 화려한 이미지나 쇼메이크업시 독특한 이미지를 연출한다.

(3) 파우더의 형태

① 분말형 파우더

입자가 섬세하여 피부에 곱고 얇게 발라지며 땀이나 물에도 얼룩지지 않는다. 투명한 피부로 표현할 때 사용된다. 가루가 날려 휴대하기 불편한 점도 있다.

② 압축형 파우더

분말형에 비해 비교적 휴대가 간편하고 피지 흡수력이 우수하나 색상표현이 진하게 나타나 피부 표현이 두텁게 표현되기 쉬우며, 자연스럽게 표현하기 어렵다.

(4) 파우더의 사용방법

페이스 파우더는 부분적으로 사용하기도 하고, 얼굴 전체에 바르기도 한다.
부분적으로 바를 때는 퍼프에 묻혀 가볍게 바르고 얼굴 전체에 바를 때에는 큰 브러쉬를 사용하여 바르며, 파우더를 바를 때에는 너무 눌러 바르지 않도록 주의한다.

① 둥근형(Round face)

② 사각형(Square face)

③ 다이아몬드형(Diamond face)

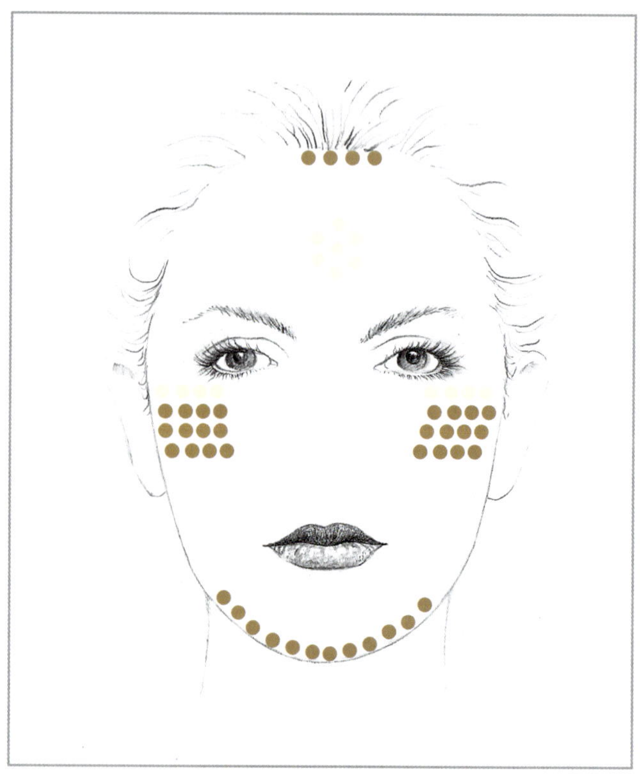

④ 긴형(Oblong face)

⑤ 역삼각형(Uninverted Triangular face)

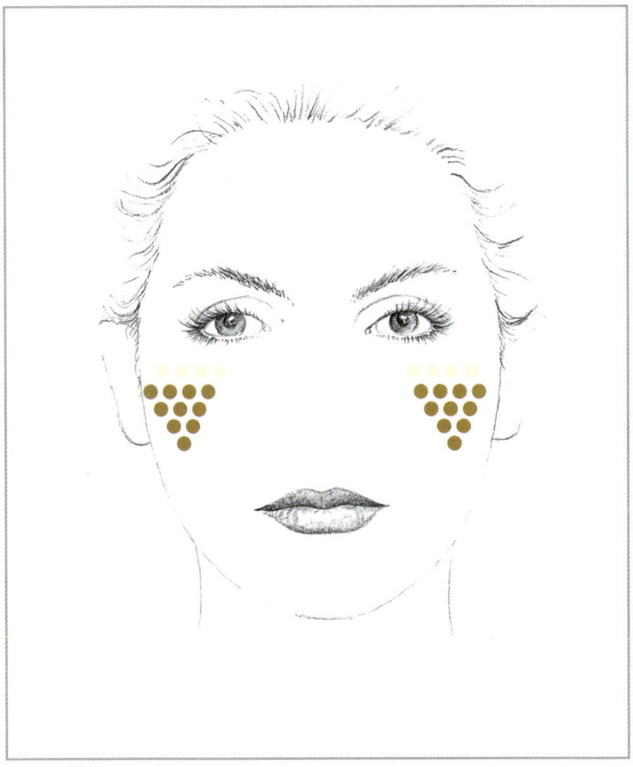

⑥ 타원형(Oval face)

4) 얼굴을 수정하기 위한 베이스메이크업

(1) 둥근 얼굴 (Round face)

먼저 코가 길어 보이도록 이마에서 코끝을 향해 길게 하이라이트를 준다. 얼굴의 외곽 부분에 전체적으로 어두운 섀도우를 넣어서 전체 얼굴형이 갸름해 보이도록 한다.

(2) 사각형 얼굴(Square face)

각진 얼굴은 전체적으로 얼굴이 둥그스럼하게 보이도록 메이크업을 한다. 이마 양옆과 양쪽의 각진 턱뼈 부분에 섀도우를 넣어 주고 이마중앙에 다소 둥근듯한 느낌으로 하이라이트를 준다. 콧등도 길게 표현한다.

(3) 다이아몬드형 얼굴(Diamond face)

우선 이마 양옆 부분과 턱선에 하이라이트를 주고 이마 중앙 역시 다소 넓게 하이라이트를 넣는다. 튀어나온 볼뼈 부분과 뾰족한 턱끝에는 섀도우를 해서 무난한 느낌이 되도록 한다.

(4) 긴 얼굴(Oblong face)

얼굴이 좁으면서 긴형은 얼굴이 다소 짧아 보이도록 수정한다. 이마 끝과 턱에 어두운 섀도우를 넣어 길이가 짧아 보이도록 한다.

(5) 역삼각형 얼굴(Uninverted Triangular face)

역삼각형 얼굴은 이마쪽의 얼굴폭이 넓고 턱끝이 뾰족한 얼굴형이다. 턱아랫부분이 지나치게 야위어 보일 때는 하이라이트를 넣어 도톰하게 보이도록 표현한다. 넓은 이마 양옆과 뾰족한 턱에 섀도우를 넣는다.

(6) 타원형 얼굴(Oval face)

특별히 수정할 필요가 없는 얼굴형태이다. 얼굴형의 장점을 살려 광대뼈와 턱뼈는 밝게 하이라이트를 주어 더욱 돋보이게 한다.

2. 아이 메이크업(Eye Make-up)

1) 아이 브로우 메이크업(Eye brow Make-up)

눈썹은 얼굴의 지붕이라고 할만큼 얼굴의 인상을 좌우하는데 큰 역할을 한다. 그만큼 눈썹은 얼굴 전체의 느낌을 좌우하는 비중이 큰부분이다. 눈썹에 따라 정확한 느낌을 파악하고 얼굴형에 어울리도록 또한 연출의도에 따라 훌륭한 메이크업을 해낼 수 있어야 하겠다.

(1) 눈썹의 효과

① 얼굴 표정을 변화시킨다.
② 얼굴의 인상을 가상 자유로이 바꿀 수 있다.
③ 얼굴의 균형을 잡아준다.
④ 얼굴형이나 눈매를 보완할 수 있다.

(2) 제품의 종류 및 특징

① 연필타입 : 눈썹에 자극 없이 부드럽게 하나하나 그려줄 수 있으나 깍아서 사용해야 하는 번거러움이 있다.
② 샤프타입 : 깍아서 사용해야 하는 번거로움이 없어 실용적이다.
③ 섀도우타입 : 아이브러쉬에 회색과 갈색의 섀도우를 자연스럽게 발라준다. 연필타입에 비해 자연스러운 눈썹이 된다.
④ 케이크타입 : 그릴 때 기술이 필요하지만 지속성이 좋다.

(3) 눈썹의 색상과 이미지

① 흑색 : 개성적인 느낌을 주며 눈이 크고 피부가 흰 사람에게 잘 어울린다.
② 회색 : 침착하고 차분한 느낌을 주며 자연스러워 누구에게나 무난하게 어울린다.
③ 갈색 : 세련된 느낌을 주며 건강하고 약간 그을린 듯한 피부에 잘 어울린다.

(4) 눈썹형태 만들기

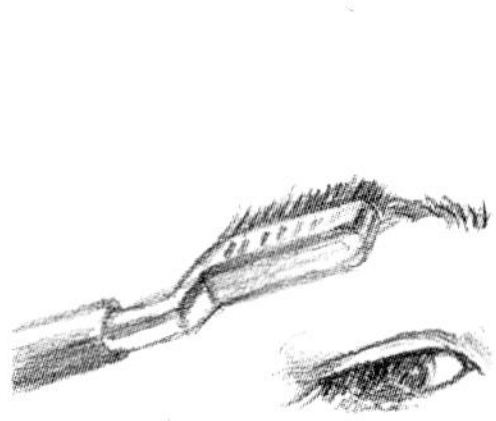

❶ 눈썹결 정리 : 눈썹용 브러쉬로 눈썹결을 정리한다.

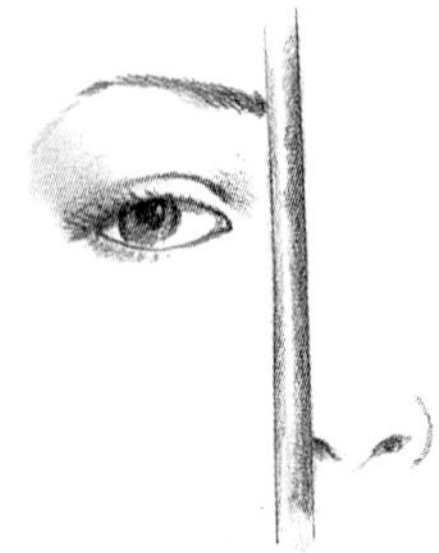

❷ 눈썹 시작점 : 먼저 콧망울 안쪽과 눈썹앞머리에 수직이 되게 브러쉬를 놓는다. 브러쉬 안쪽이 눈썹이 시작되는 부분이다.

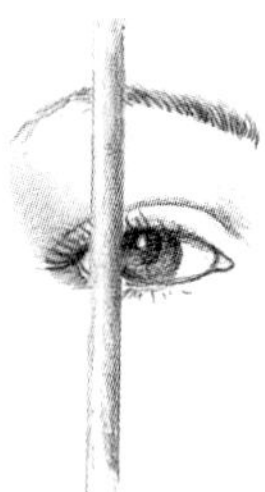

❸ 눈썹산 위치 : 붓끝을 사용해 눈동자의 바깥쪽이나 턱의 중심에서 눈동자를 지나 만나는 지점이다 .

❹ 눈썹꼬리의 위치 : 콧망울에서 눈꼬리를 지나는 연장선이 이상적인 지점이다.

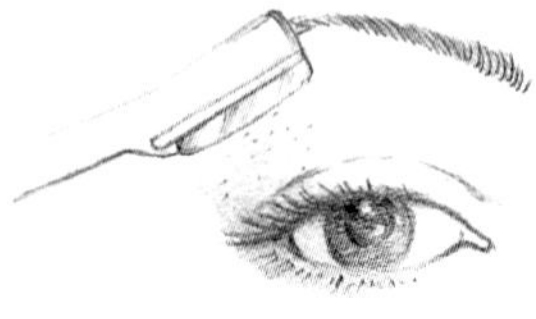

❺ 잔털제거 : 펜슬로 눈썹 아래쪽에 원하는 형태의 라인을 살짝 그려준 후 눈두덩이 잔털과 표시부분을 제외한 잔털은 눈썹용 칼이나 가위로 깨끗하게 제거해 준다.

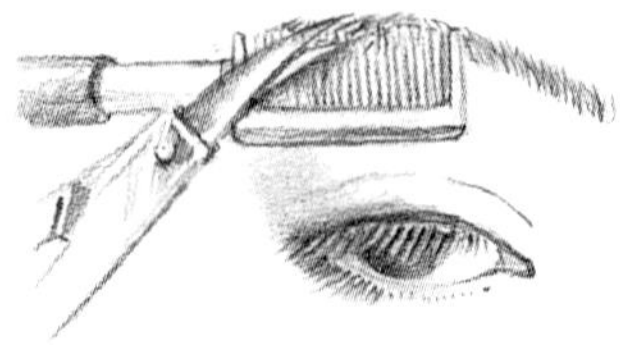

❻ 긴털정리 : 길게 나온 눈썹 털은 눈썹빗을 대고 가위로 일정하게 자른다. 자를 때에는 눈썹결 반대 방향으로 잘라주는 것이 좋다.

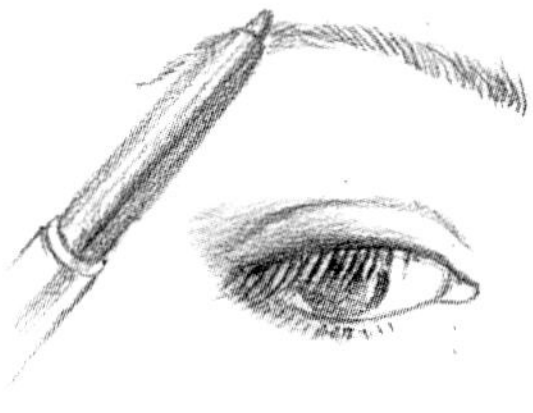

❼ 펜슬로 그리기 : 펜슬로 스케치하듯이 자연스럽게 그려준다.

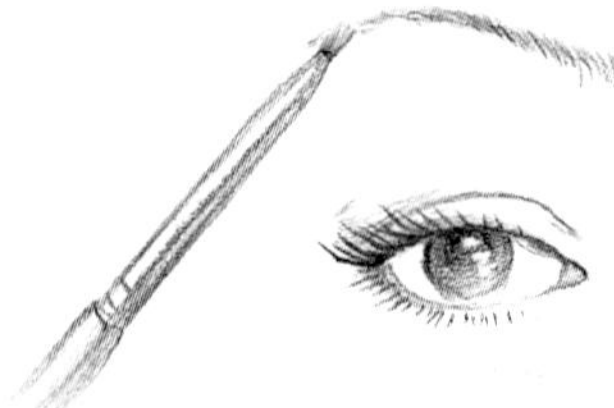

❽ 브러쉬로 그리기 : 브러쉬에 회색이나 갈색 섀도우를 묻혀 모델의 헤어칼라에 맞추어 한올 한올 쓸어 주듯이 붓끝을 세워 그려준다.

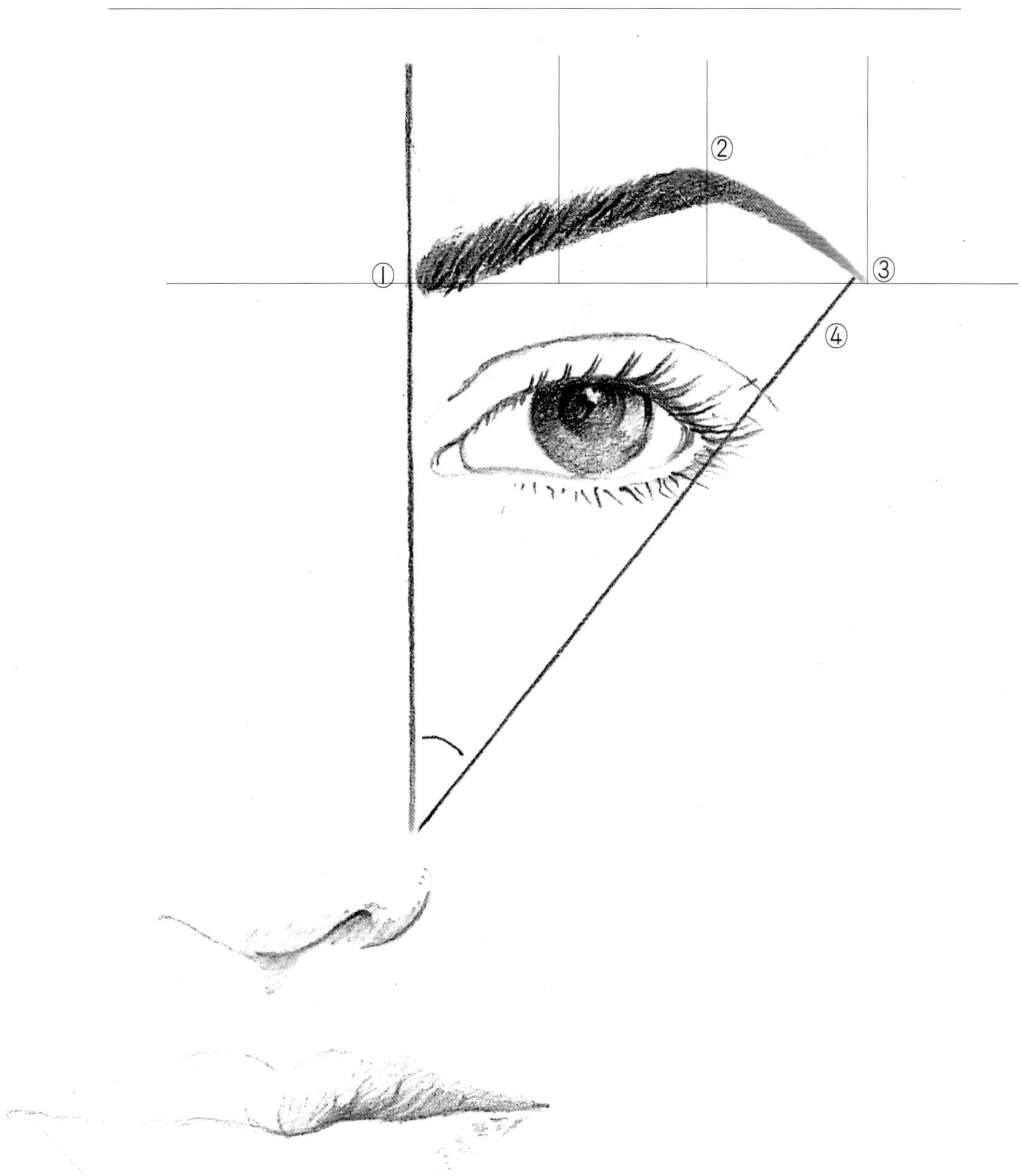

(5) 기본형 눈썹 그리기

① 눈썹 앞머리 : 콧망울 지점을 수직으로 올려 만나지는 곳에 위치하도록 한다.

② 눈썹산 : 눈썹의 길이를 3등분 했을 경우 2/3 지점에 위치하도록 하거나 턱의 중심점에서 눈동자 중심을 지나 만나는 지점 또는 눈동자 바깥부분을 올려 만나는 지점에 위치하도록 한다.

③ 눈썹꼬리 길이 : 콧망울과 눈꼬리를 45° 의 각도로 연결해서 연장했을 때 만나지는 지점에 위치하도록 한다.

④ 눈썹길이 : 눈길이보다 짧지 않게 그린다.

(6) 얼굴형에 어울리는 눈썹형

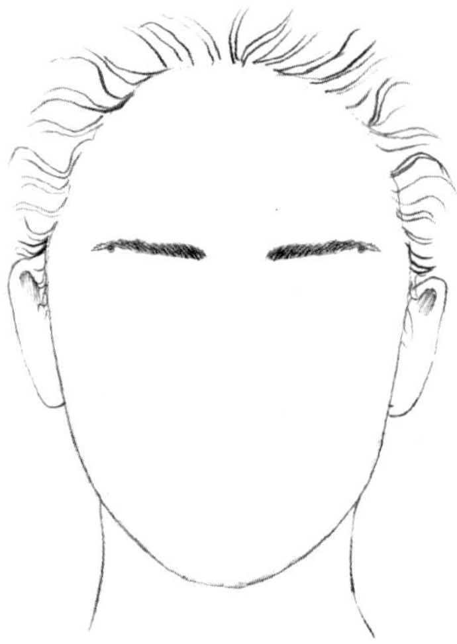

① 긴 형(Oblong face)

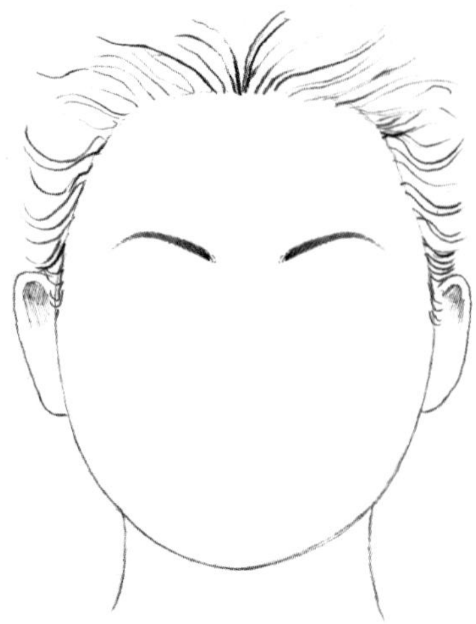

② 둥근형(Round face)

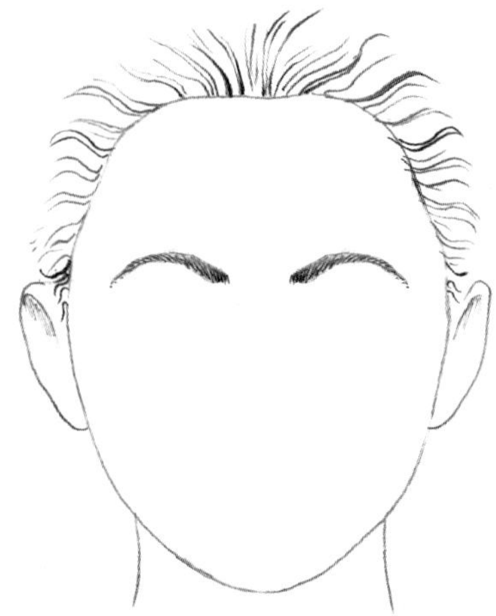

③ 역삼각형(Inverted Triangular face)

④ 사각형(Square face)

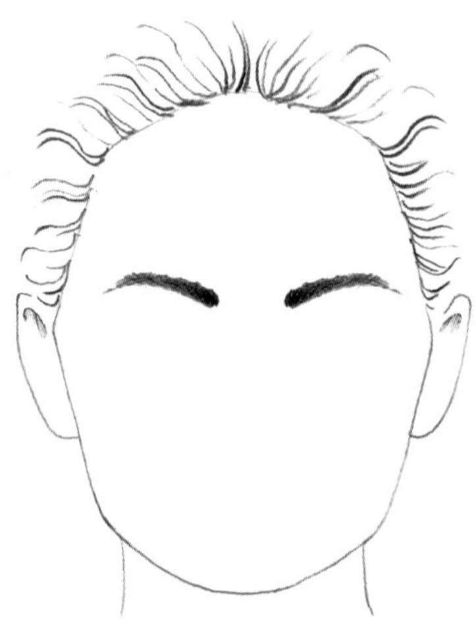

⑤ 다이아몬드형(Diamond face)

① **긴 형**(Oblong face)

수평적인 일자형 눈썹으로 자연스러운 굵기의 눈썹이 긴 얼굴을 분할시켜 주므로 잘 어울린다.

② **둥근 형**(Round face)

약간 상승 느낌이 나듯이 각진형 눈썹으로 꼬리를 올려서 그려 줌으로써 세로의 분위기를 강조한다.

③ **역삼각형**(Uninverted Triangular face)

여성스러움을 강조할 수 있는 아치형으로 눈썹산의 위치를 눈썹길이의 1/2정도에 주어 날카로움을 감소시킨다.

④ **사각형**(Square face)

각진 얼굴을 커버하기 위해 눈썹을 너무 가늘지 않게 그린다. 부드럽고 매끄러운 아치형이나 화살형이 좋다.

⑤ **다이아몬드형**(Diamond face)

튀어나온 광대뼈가 다소 완화되어 보이게 눈썹의 앞머리에 포인트를 준 화살형으로 시선을 분산시킨다.

(7) 이미지에 따른 눈썹 형태

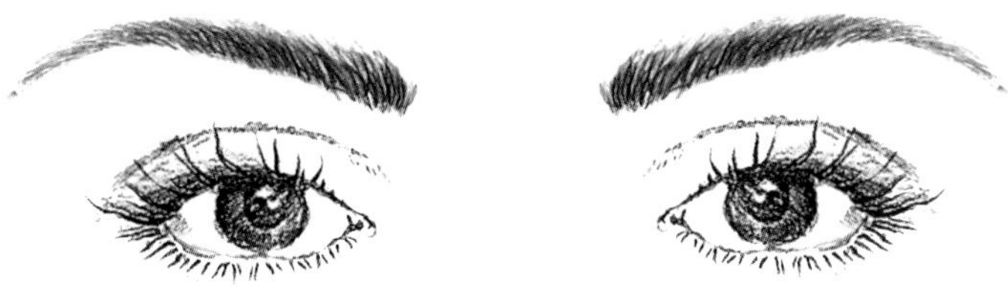

① 짙은 눈썹 : 긴장, 힘, 야성적, 야만, 용맹, 행동적, 투박함, 무지, 천박 등의 느낌.

② 흐린 눈썹 : 온화함, 깨끗함, 온순, 병약, 신성, 허약, 피동적, 여성적 등의 느낌.

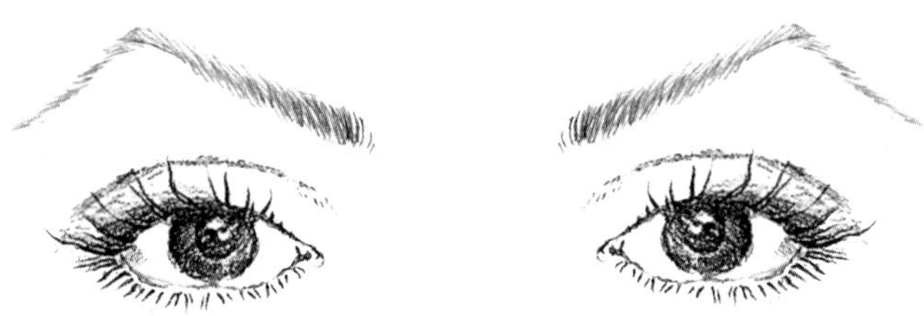

③ 각진 눈썹 : 절도, 박력, 활동적, 엄격함, 날카로움, 주관적 등의 느낌.

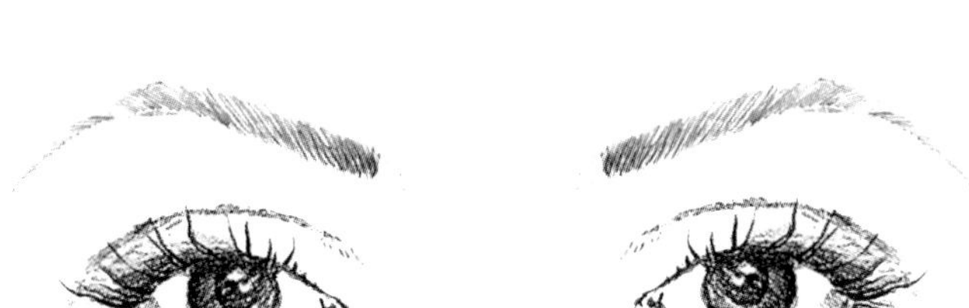

④ 아치형 눈썹 : 온화함, 부드러움, 유순함, 섬세함, 고전적, 동양적, 친절, 자애 등의 느낌

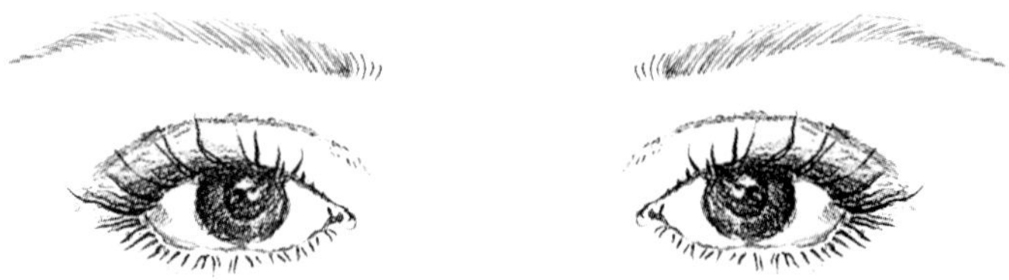

⑤ 스트레이트형 눈썹 : 젊음, 긴장감, 단정함, 날씬함, 이기적, 객관적 등의 느낌

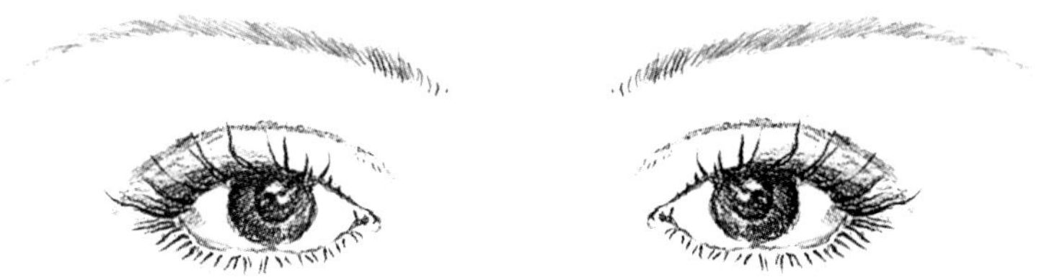

⑥ 긴 눈썹 : 눈썹의 긴 정도에 따라 점잖음, 고상함, 안정감, 인품, 인격, 무서움, 성숙, 의혹 등의 느낌

⑦ 짧은 눈썹 : 명랑, 경쾌, 밝음, 날렵함, 동적, 허구, 위선 등의 느낌

⑧ 가는 눈썹 : 섬세함, 성숙함, 연약함, 깨끗함, 날카로움, 밝음, 허영, 불안, 세련미 등의 느낌

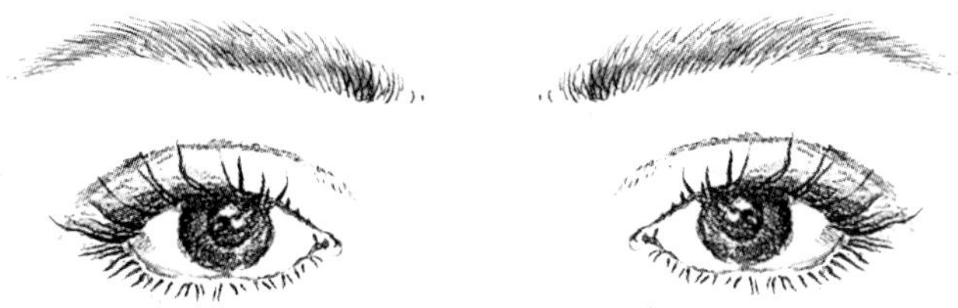

⑨ 폭이 넓은 눈썹 : 투박함, 안정감, 힘, 젊음, 야성적, 산만, 건강, 소박함, 순수함 등의 느낌

⑩ 눈썹과 눈썹사이가 넓은 눈썹 : 너그러움, 온화함, 여유, 멍청함, 어리석음, 낙천적 등의 느낌

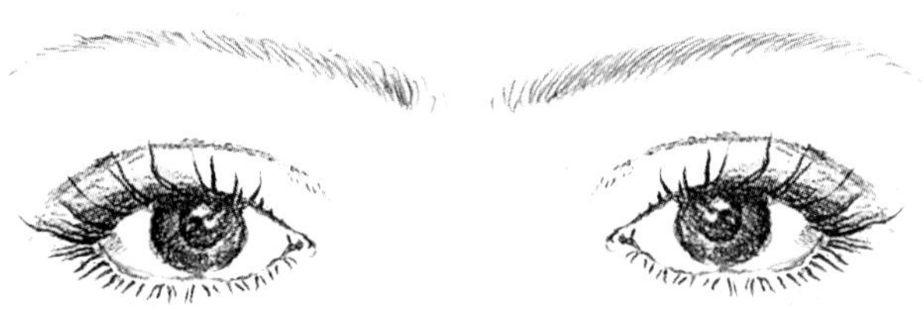

⑪ 눈썹과 눈썹사이가 좁은 눈썹 : 긴장, 인색, 답답, 날카로움, 신경질적, 짜증, 옹색함, 성급함, 예리함 등의 느낌

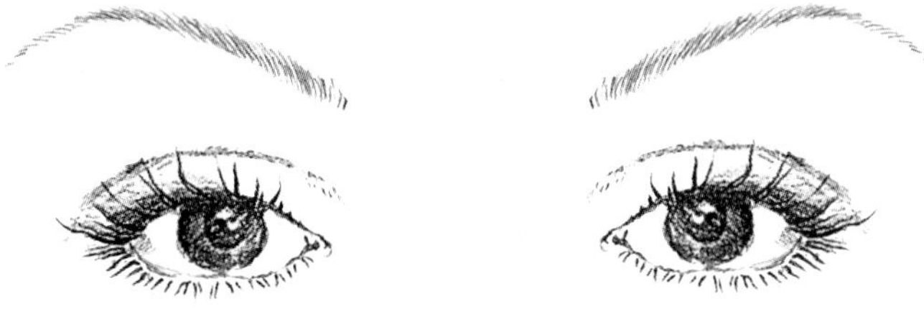

⑫ 눈썹과 눈사이가 넓은 눈썹 : ⑩ 번과 같은 느낌에 강한 의지, 인내심 등의 느낌

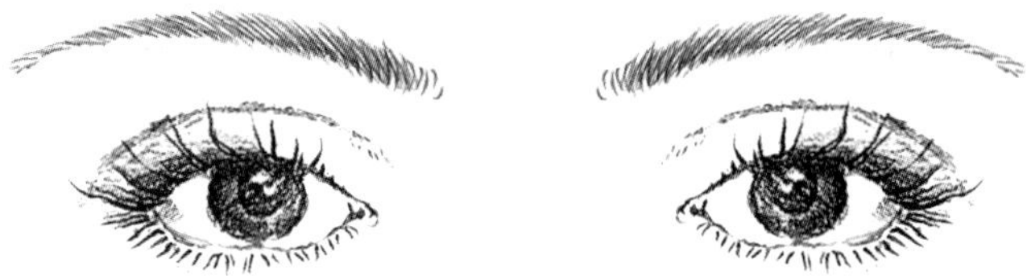

⑬ 눈썹과 눈사이가 좁은 눈썹 : ⑪ 번과 같은 느낌에 서구적, 비밀 등의 느낌.

⑭ 올라간 눈썹 : 눈썹꼬리 방향이 수평선에서 위로 올라간 정도에 따라 시원함, 야성미, 활동적, 거만, 날카로움, 사나움, 능동적 등의 느낌.

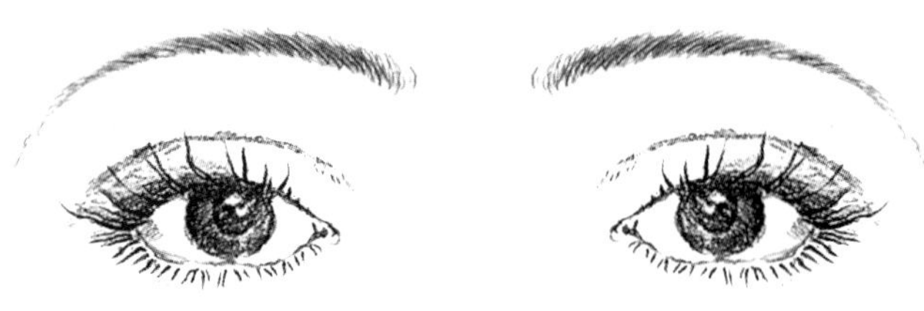

⑮ 처진 눈썹 : 온화함, 부드러움, 겸손함, 어리석음, 모자람, 천박함 등의 느낌.

2) 아이섀도우(Eye-Shadow)

아이섀도우는 눈의 색감과 음영을 주어 입체감있는 눈을 연출하며 눈의 단점을 커버해 주는 효과가 있다.

단순히 눈의 모양 뿐만아니라, 주변의 피부색, 눈썹, 코의 모양 등과 조화가 매우 중요하므로 고도의 테크닉이 필요하다.

또한 섀도우의 색상이 전체 이미지 전달에 큰 역할을 한다.

(1) 아이섀도우의 사용 목적

① 눈의 색감과 음영을 주어 눈매를 수정 보완한다.
② 자유로운 색의 조화로 다양한 분위기를 연출한다.

(2) 아이섀도우의 색상 선택법

① 의상색과 동계열 또는 조화로운 색 선택
② 계절 감각에 의한 색 선택
③ 색의 감정을 이용한 색 선택
④ 눈의 형태를 고려하여 장점을 강조하고 단점을 커버할 수 있는 색상 선택

(3) 아이섀도우의 타입별 특징

① **케익타입**

가장 일반적인 타입으로 눈에 자극이 없고 피부 밀착감이 우수하다. 색상이 다양하며 그라데이션이 용이하나 시간이 지나면 지속력이 떨어진다.

② **크림타입**

유분이 함유된 타입으로서 사진이나 TV, 무대 메이크업에 많이 이용되며 발색도가 선명하고 지속력이 있으나 뭉침에 주의해야한다.

③ **펜슬타입**

손쉽게 메이크업 하고자 할 때 효과적이며 휴대와 사용이 간편하나 그라데이션이나 간단한 색상표현이 어렵다.

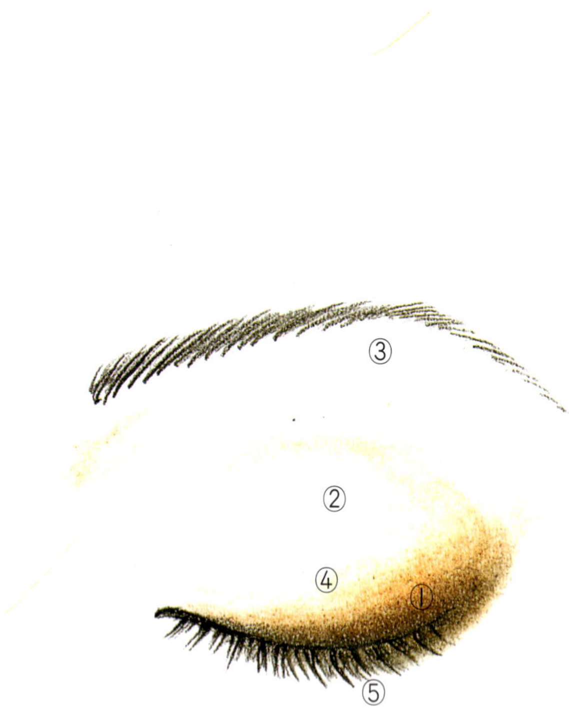

(4) 아이섀도우의 컬러명칭

① **액센트 컬러**(Accent color)

액센트 칼라의 목적은 눈을 강조하여 표현하는데 있으며 액센트 컬러의 선택에 따라 이미지를 결정한다.

② **섀도우 컬러**(Shadow color)

좁아 보이게 하거나 들어가 보이게 하고자 하는 부위에 사용해서 깊이있는 눈매를 표현해준다. 어두운 브라운계열이나 그레이계열이 많이 사용된다.

③ **하이라이트 컬러**(Highlight color)

돌출되어 보이게 하거나 넓게 보이고자 하는 부위, 두드러지게 보이고자 하는 부위에 사용한다. 하이라이트 컬러는 팽창 효과가 있으며, 섀도우 컬러와 조화를 이룸으로써 새로운 윤곽을 만들어 낸다. 하이라이트 컬러로는 은회색, 흰색, 펄이 들어간 연한 핑크색이 매우 효과적이다.

④ **베이스 컬러**(Base Color)

아이섀도우의 분위기를 좌우하는 색상이며 가장 넓은 부분으로 눈을 떴을때 어느 정도 보이도록 바르는 것이 일반적이다.

⑤ **언더 컬러**(Under Color)

선의 느낌으로 눈밑 섀도우를 깨끗이 발라주며 눈매를 다양하게 표현해 준다.

(5) 아이섀도우 테크닉시 유의점

① 아이섀도우를 바르기 전 브러쉬에 섀도우를 묻혀 손등에서 색상 농도를 확인한 다음 눈꺼풀에 바른다.
② 아이섀도우를 짙게 강조하고 싶은 부위는 한꺼번에 두텁게 바르지 말고 여러 번 덧발라 원하는 색감을 표현한다.
③ 아이섀도우를 연하고 부드러운 색상으로 넓은 부위에 엷게 펴 바를 때에는 넓은 면의 브러쉬를 이용한다. 눈 앞머리나 아랫 눈꺼풀, 눈꼬리 부분을 선적인 느낌으로 바를 때나 짙고 강한 색상을 바를 때는 좁은 브러쉬로 아이섀도우를 바른다.
④ 아이섀도우 색상끼리의 경계선을 없앨 때나 눈밑 아이섀도우가 번졌을 때, 잘못 발라 수정을 해야 할때는 면봉을 이용하면 매끈하고 자연스럽게 할 수 있다. 아이섀도우 가루가 다른 곳에 날리거나 혼합되지 않도록 한다.

(6) 눈형태에 따른 아이섀도우 기법

① 알맞은 눈

형태 변형은 불필요하며, 의상색, 디자인, 계절, 연령에 맞춰 섀도우컬러를 선택하고 여러 형태의 테크닉을 개성있게 연출한다.

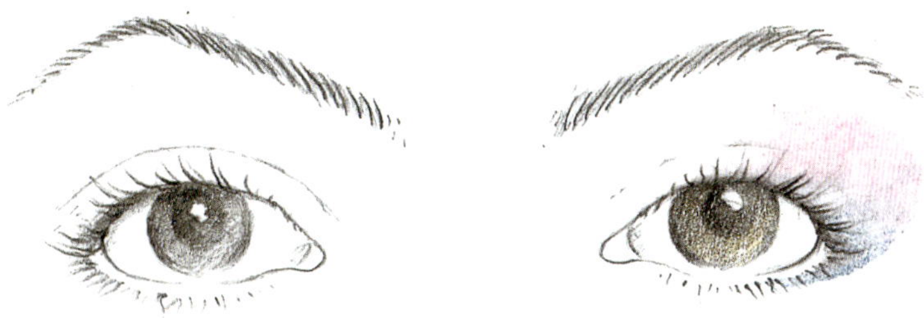

② 큰 눈

진한색보다 연한색을 선택하여 부드럽고 자연스럽게 그라데이션하고 눈주위에 포인트색을 강하게 처리하지 않는 것이 좋다.

③ 작은 눈

눈 전체에 밝은 색상의 섀도우나 펄감이 풍부한 색을 선택하여 눈길이를 길어 보이도록 눈꼬리쪽으로 짙은색의 섀도우를 연장하여 발라준다. 언더라인 또한 눈꼬리쪽으로 길게 발라준다.

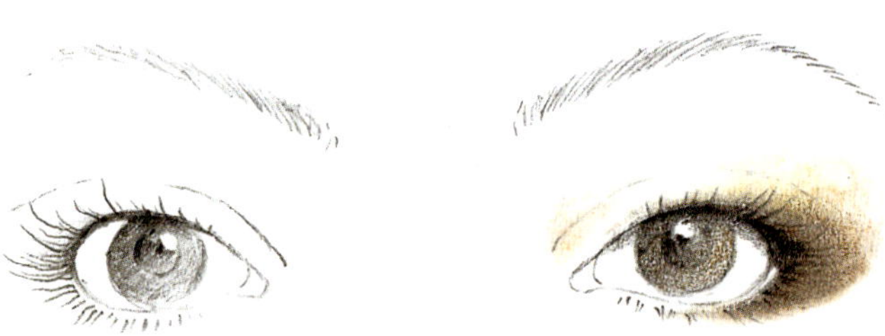

④ 동그란 눈

눈앞과 꼬리쪽을 짙게 처리하여 눈매를 길게 표현한다. 포인트 컬러를 어두운 브라운이나 그레이계열로 눈꼬리쪽으로 넓게 펴바르고 언더라인도 눈꼬리쪽으로 길게 연장시킨다. 눈 중앙부분에는 짙은 색상을 바르면 눈이 더욱 둥글게 보여지므로 유의한다.

⑤ 가느다란 눈

짙은색의 섀도우를 눈머리와 눈꼬리에 바르고 아이홀은 밝은 하이라이트를 주되 가급적 넓고 둥글게 처리한다.

액센트컬러는 눈중앙에 두껍게 발라주고 눈꼬리쪽으로 갈수록 가늘게 그라데이션하고, 언더라인 또한 눈중앙을 두껍게 발라 전체적으로 둥글게 처리한다.

⑥ 눈두덩이 나온 눈

펄감이 없는 매트한 브라운이나 그레이색으로 옅게 펴바른 후 눈썹 뼈부위에 강한 하이라이트 색상을 바르고 액센트컬러를 눈형태에 따라 선을 긋듯이 발라 눈매를 강조한다.

⑦ 눈두덩이 들어간 눈

펄감이 있는 색상이나 밝은 색을 아이홀 부분에 강한 하이라이트 효과를 준 뒤 눈이 나와 보이게 하고 포인트 색은 밝은 계열로 라인의 형태로 눈꼬리를 약간 올려 눈매를 강조한다.

⑧ 처진 눈

눈 앞머리에서 눈 꼬리까지 라인을 살려 사선방향으로 올려 포인트 컬러를 폭 넓게 바르고 눈꼬리 밑에 하이라이트를 주면 효과적이다.

⑨ 올라간 눈

눈 앞머리와 눈꼬리 밑부분에 섀도우 포인트를 주고 특히 언더컬러를 눈꼬리 부분에 넓게 펴 발라 올라간 눈을 부드

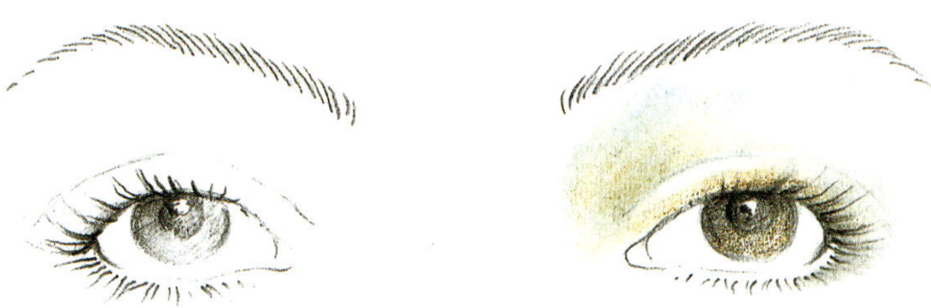

⑩ 눈과 눈 사이가 먼 눈

섀도우 포인트를 눈앞머리 위에서 코가 있는 방향으로 처리하여 눈과 눈사이의 간격을 좁아 보이도록 한다. 눈꼬리 쪽으로 포인트 컬러가 치우치지 않도록 주의한다.

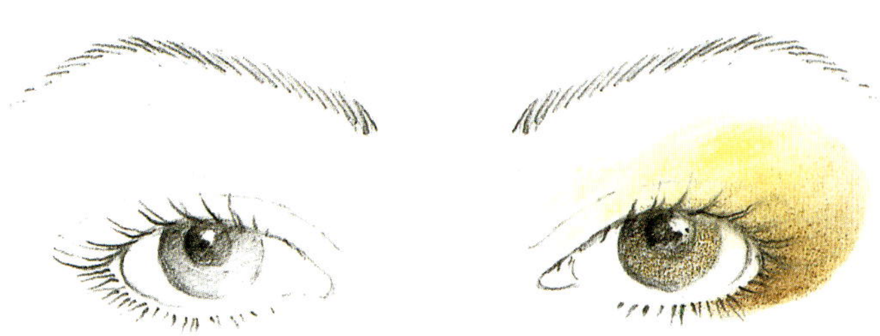

⑪ 눈과 눈 사이가 가까운 눈

눈 앞머리에서 중간까지 밝은 색상을 발라 눈과 눈사이의 간격을 여유있어 보이도록 한다. 짙은 색의 포인트 컬러를 눈꼬리쪽으로 연장하고 눈밑 언더라인에도 눈꼬리 바깥쪽으로 섀도우 처리한다.

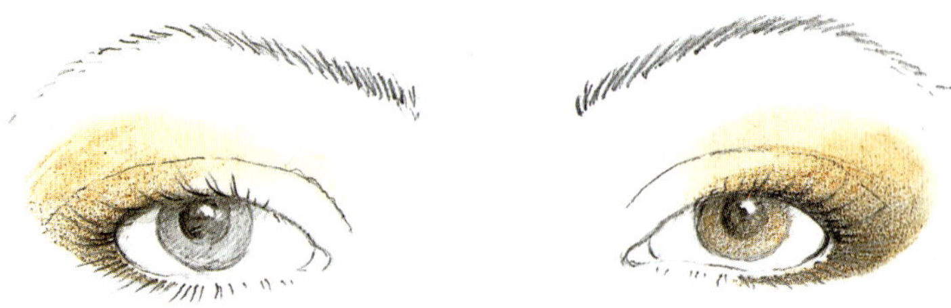

⑫ **짝 눈**

양쪽 눈 중 어느 눈에 화장을 했을 때 아름다운 눈인가를 판단하고 예쁘지 않은 눈을 수정하여 균형을 맞춘다. 그러나 이때 정상적인 눈도 그렇지 못한 눈과 균형을 맞추기 위하여 약하게 또는 강한 색으로 수정할 필요가 있다. 어느 정도 마이너스적인 효과가 나타나더라도 짝 눈의 느낌이 수정되어야 한다.

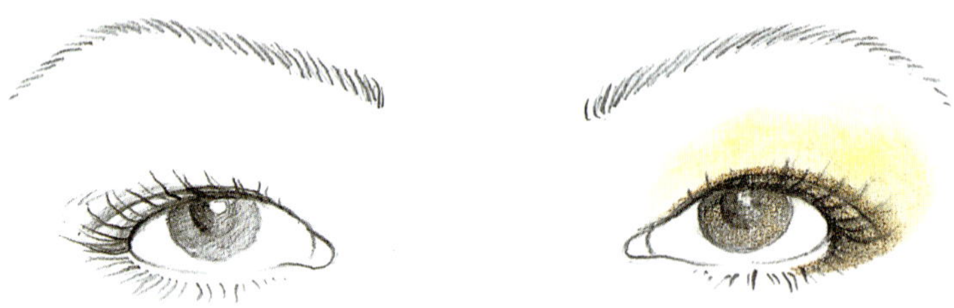

⑬ **쌍꺼풀진 눈**

눈의 선명도를 위하여 감추어진 라인을 섬세하게 포인트컬러로 처리하고 자연스러운 색상으로 아이홀 전체에 부드럽게 그라데이션한다.

⑭ **외겹 눈**

눈을 크고 뚜렷하도록 보완하기 위하여 라인을 강조하거나 눈꼬리에 포인트를 주어 사선방향으로 끌어올려 그라데이션해주고 아이홀부분까지 포인트 컬러를 펴바른 후 눈썹뼈 부분에는 하이라이트를 강하게 주어 평면적인 눈을 입체적으로 표현한다.

3) 아이라이너 메이크업(Eye liner make-up)

(1) 아이라이너의 목적

① 눈을 보다 선명하게 하여 생동감있는 또렷한 눈매를 연출한다.
② 눈의 크기를 결정하며 눈의 형태를 수정한다.

(2) 아이라이너의 색상 선택

① 검정색(Black) : 선명하고 또렷한 눈동자를 나타낼 때 쓰이므로 가장 무난하게 대중적으로 사용된다.
② 갈 색(Brown) : 아주 큰 눈 또는 인상이 강한 눈을 자연스럽게 표현할 때 사용된다.
③ 회 색(Gray) : 세련된 분위기를 연출하고자 할 때 사용되나 나이가 들어보일 수 있으므로 주의하여야 한다.
④ 청 색(Blue) : 시원하고 차가운 느낌을 주며 젊고 깨끗한 이미지를 여름 메이크업에 자주 사용된다.

(3) 아이라이너의 종류

① 리퀴드타입(Liquid type) : 색상이 선명하여 뚜렷하게 표현되나, 광택으로 인하여 부자연스러울 수 있으므로 사진촬영시 주의해야한다.
② 펜슬타입(Pencil type) : 자연스러운 분위기 연출에 용이하며 사용상 편리하다.
③ 케익타입(Cake type) : 고형으로 물을 섞어서 사용하며 번들거림이 없으며 자연스러우나 지속력이 떨어진다.
④ 붓펜타입(Brush Pen type) : 색상이 진하고 광택이 없으며 자연스럽게 그리기 편리하다.

(4) 기본형 아이라인 그리는 법

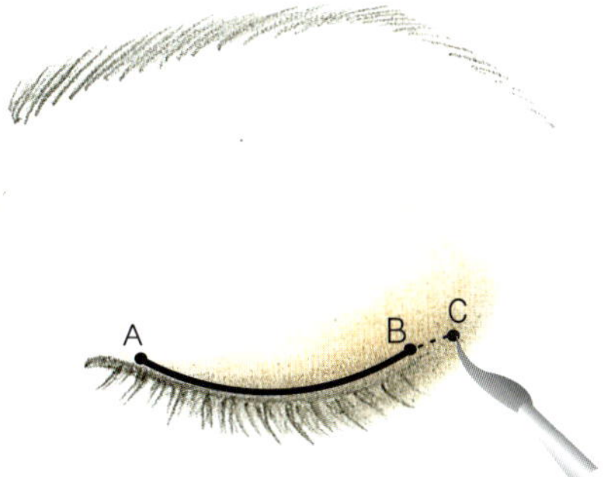

① 둥근 주걱위에 아이라이너를 소량 덜어 낸 다음 아이라이너 붓에 고루 묻혀 준다.
② 눈을 감은 상태에서 윗눈꺼풀 안쪽 1/4 지점에서부터 시작하여 눈의 외곽까지 라인(A.B)을 그려 준다.
③ 눈을 뜬 채로 아랫눈썹의 연장선상에 점 C를 마크한다.
④ 윗눈꺼풀에 그려놓은 선(A.B)을 점 C까지 연장한다.
⑤ 윗눈꺼풀 아이라인(A.B.C)을 서너 번 반복해서 볼륨을 부여한다.
⑥ 눈의 안쪽에는 아주 가늘게 라인을 연장해 준다.

(5) 눈모양에 따른 아이라인 테크닉

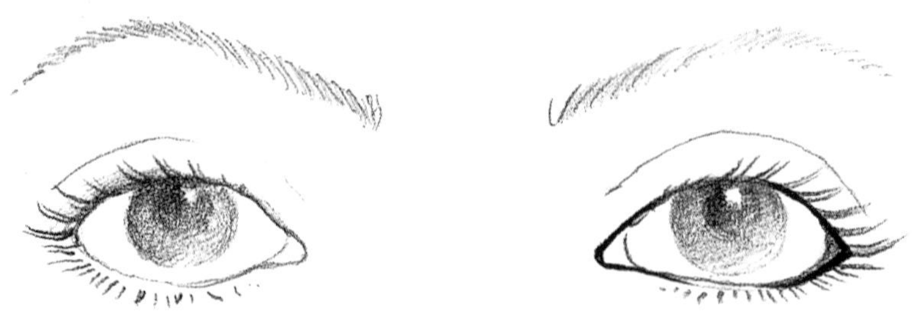

① 크고 둥근 눈 : 윗 속눈썹과 밀착되게 눈동자 중간 부분은 생략하고 눈 앞머리와 눈 꼬리 부분만 선명하게 그려준 뒤 눈밑선 언더라인(under line)과 눈꼬리 부분에서 연결하여 부드럽게 그려준다.

② 가늘고 긴 눈 : 가늘고 수평형인 눈 형태를 커 보이도록 곡선의 아이라이너를 앞머리 보다 중앙부분이 더 강하고 두껍게 그려주고, 눈밑 라인은 펜슬타입으로 윗라인과 자연스럽게 연결해준 후 아이 펜슬로 언더라인 안쪽 중심부분을 그려 채워줌으로서 눈이 크고 둥글게 보인다.

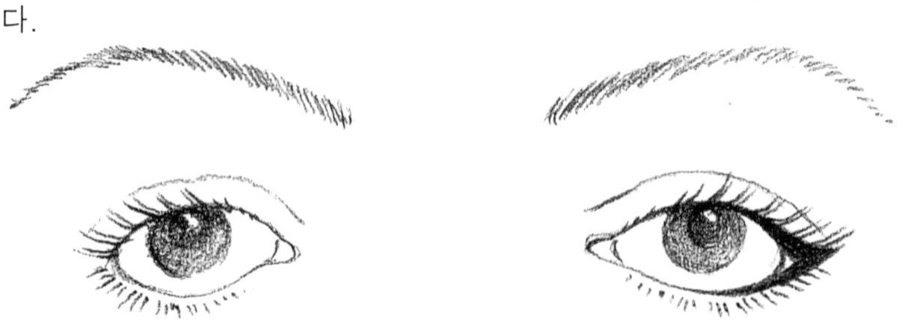

③ 눈꼬리가 내려가는 눈 : 눈꼬리 부분을 실제의 선보다 올려 그려주며 언더라인의 꼬리 부분은 약하게 그려준 뒤 위의 라인에 붙여 올려 그린다.

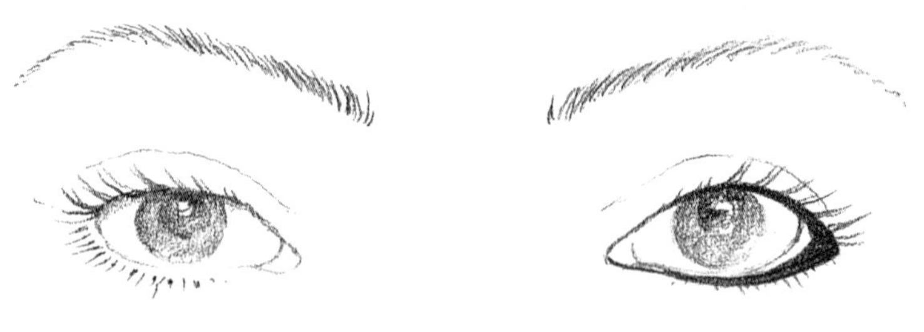

④ 눈꼬리가 올라가는 눈 : 언더라인 눈꼬리 부분의 1/3을 약간 굵게 수평으로 그리고, 윗 눈꺼풀의 눈머리에도 약간의 액센트를 준다.

⑤ 두툼하고 부어 보이는 눈 : 눈 앞머리부터 눈꼬리까지 전체적으로 라인을 그리되 눈꼬리 부분은 굵게 강조하여 그린다.

⑥ 크고 쌍꺼풀진 눈 : 큰 눈은 아이라이너를 강조할 필요가 없는 눈이다. 윗 눈꺼풀에 그린 아이라인과 아랫 눈꺼풀에 그린 언더라인이 눈꼬리에서 만나는 것이 자연스럽다. 리퀴드 아이라이너로 그릴 때나 펜슬로 그릴 때나 모두 눈 모양에 따라 가늘고 섬세하게 그려준다. 펜슬타입이 큰 눈을 부드럽게 표현해 준다.

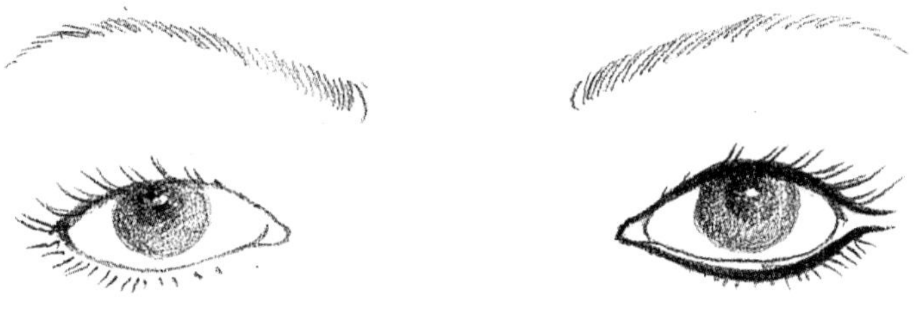

⑦ 작은 눈 : 위, 아래 아이라인이 눈꼬리 끝부분에서 만나면 눈의 길이가 더욱 짧아 보이게 된다. 눈꼬리 부분을 약간 띄워서 그려 넣는 것이 포인트이며 윗 눈꺼풀 아이라인을 그릴 때 눈꼬리 부분에서 약간 수직으로 빼주듯 그리고 언더라인도 직선으로 빼주듯 그리면 눈의 길이가 훨씬 길어 보인다. 위, 아래 라인을 모두 그리되 언더라인은 아래 눈길이의 1/3 정도만 그린다.

⑧ 들어간 눈 : 눈꼬리 부분을 굵게 그리면서 끝을 약간 끌어 올려 주어 눈매를 긴장시킨다.

4) 마스카라(Mascara)

(1) 마스카라의 목적

① 속눈썹을 길고 짙어 보이게 하여 선명한 눈매를 연출한다.
② 눈의 깊이감을 준다.
③ 처진 속눈썹을 올려 눈을 커보이게 한다.

(2) 마스카라의 색상선택

① **블랙(Black)**

선명한 눈매와 깊은 눈매를 연출하며 가장 많이 쓰이는 색이다.

② **그린(Green)**

생동감과 이미지에 효과적이며, 오렌지, 옐로, 그린 등의 섀도우와 싱그러운 메이크업에 활용된다.

③ **브라운(Brown)**

부드러운 눈매를 연출해 주며, 가장 자연스럽고 지적인 분위기에 효과적이다.

④ **블루(Blue)**

시원하고 청량감을 주며 여름철에 블루계열의 아이섀도우와 함께 사용하면 효과적이다.

⑤ **퍼플(Purple)**

우아하고 신비하며, 화려한 분위기 연출에 퍼플계열 아이섀도우와 함께 사용하면 효과적이다.

⑥ **안티칼라(Anti-color)**

속눈썹이 많은 사람에게 자연스러운 눈매연출에 용이하다.

(3) 마스카라의 형태

① **리퀴드 마스카라(Liquid mascara)**

지속력과 접착성이 뛰어나며 속눈썹을 선명하게 해주는 액상타입이다.

② **볼륨 마스카라(Volume mascara)**

듬성 듬성한 속눈썹에 두껍게 발라 깊고 풍부한 속눈썹을 만든다.

③ **롱래쉬 마스카라(Long-lash mascara)**

섬유소가 들어있어 속눈썹이 길어 보이는 효과가 있다.

④ **워터프루프 마스카라(Waterproof mascara)**

건조가 빠르고 내수성이 좋아 여름철에 사용하기 적합하다.

⑤ **케익 마스카라(Cake mascara)**

안료가 혼합된 매트한 제품으로 가장 오래된 형태로 사용시 물이나 스킨 등을 이용하여 나선붓으로 찍어 사용하며, 사용하기 쉽고 지속성도 있으나 눈물 등 물기에 의해 쉽게 번지며 눈을 자극하는 결점이 있다.

(4) 마스카라의 사용법

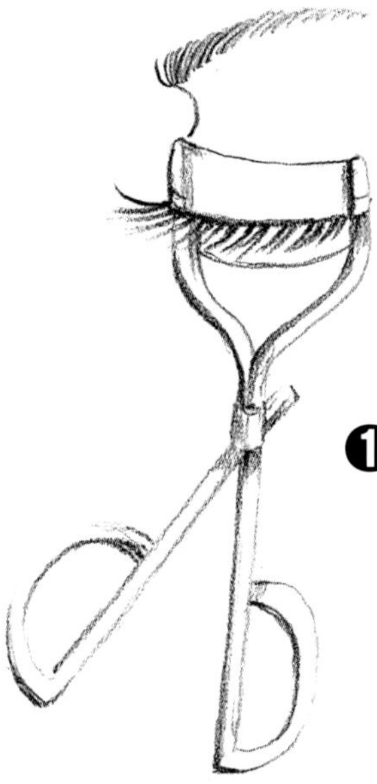

❶ 아이래쉬 컬러(eyelash curler)를 사용하여 컬링한다.

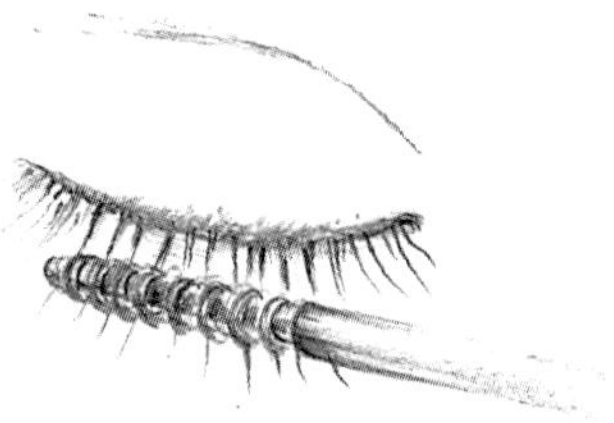

❷ 위에서 아랫방향으로 쓸어 내리듯 발라 준다.

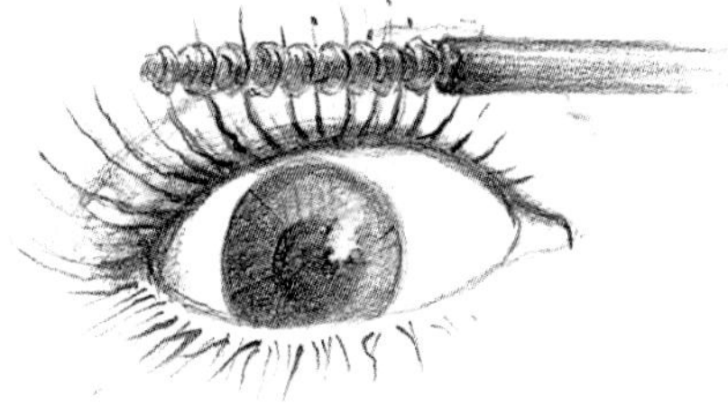

❸ 눈을 크게 뜨게 한 후 아래부터 지그재그 방향으로 위로 컬링한다.

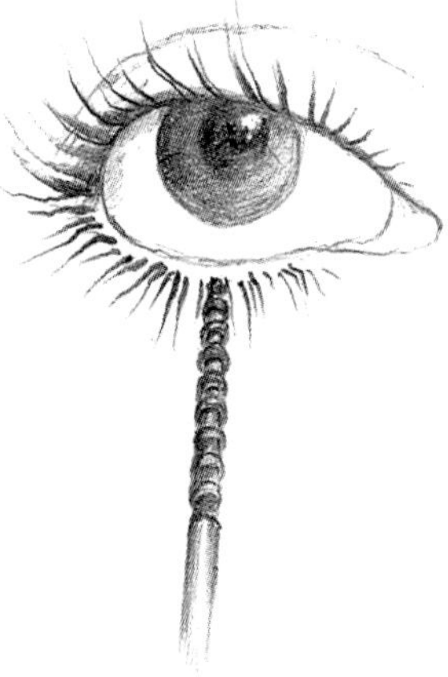

❹ 아래 속눈썹은 브러쉬를 세로로 세워 끝부분을 가볍게 발라 준다.

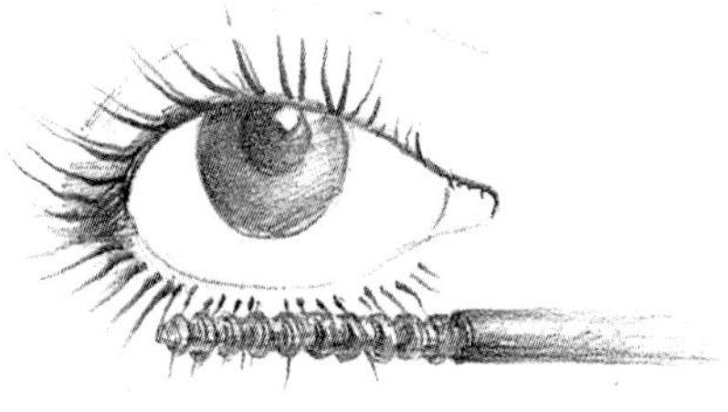

❺ 마스카라액이 건조된 후 액이 묻지 않은 마스카라인 브러쉬로 한번 더 빗어 속눈썹이 엉키지 않도록 깔끔하게 처리한다.

5) 인조 속눈썹(False Eye Lashes)

(1) 인조 속눈썹의 목적

인조 속눈썹은 속눈썹의 숱을 많아 보이게 할 뿐만 아니라 길어 보이게도 한다.

(2) 인조 속눈썹의 종류

대표적인 색상은 갈색과 검정이나 특수한 경우에 사용할 수 있도록 다양한 색상이 있고 번쩍이는 펄이 있는 제품도 있다.

① 속눈썹이 한개로 연결된 것(Stip Eye Lashes)
② 심는 인조 속눈썹(Individidual Lashes)

(3) 인조 속눈썹의 사용방법

① 먼저 속눈썹 케이스에서 꺼낼 때 양쪽 끝부분이 접착되어 있으므로 핀셋을 이용하여 떼어낸다.
② 속눈썹을 붙일 때는 눈길이와 맞추어 보아 눈길이보다 약간 짧게 잡아서 양쪽을 잘라준다.
　속눈썹의 숱과 길이도 너무 많거나 길면 부자연스러우므로 자연스럽게 컷팅(cutting)해 준다.
③ 반대 방향으로 휘어서 눈에 접착하기 쉽게 부드럽게 만든다.
④ 아이섀도우 화장 후에 아이라이너로 라인을 그린다. 아이래쉬컬로 컬링 - 마스카라를 해주고 속눈썹을 붙인다.
⑤ 고정시키기 위해서 면봉으로 지그시 눌러준다.

• 접착제는 마르려고 할 때가 가장 접착력이 좋으므로 바른 후 5초 정도 기다린다.
• 새 인조 속눈썹을 사용하고자 할 때에는 밑부분을 유연하게 잘 구부려 준다.

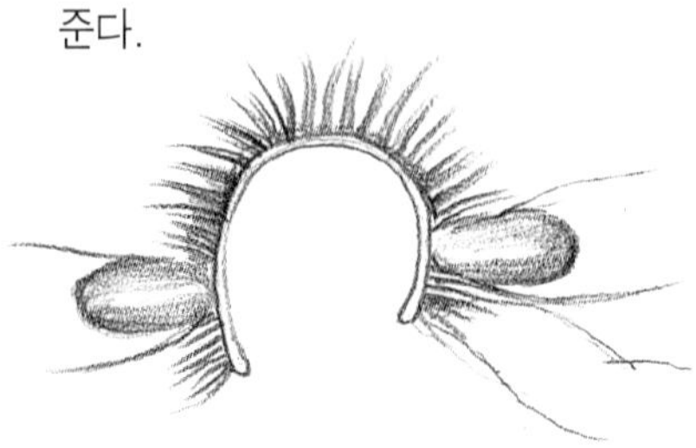

• 접착제는 선을 따라 바르도록 해야한다.
• 속눈썹의 양 끝부분은 중앙 부분에 비해 쉽게 떨어지므로 양끝에 접착제를 더 많이 바른다.
• 속눈썹 자체에는 접착제를 묻히지 않도록 한다.

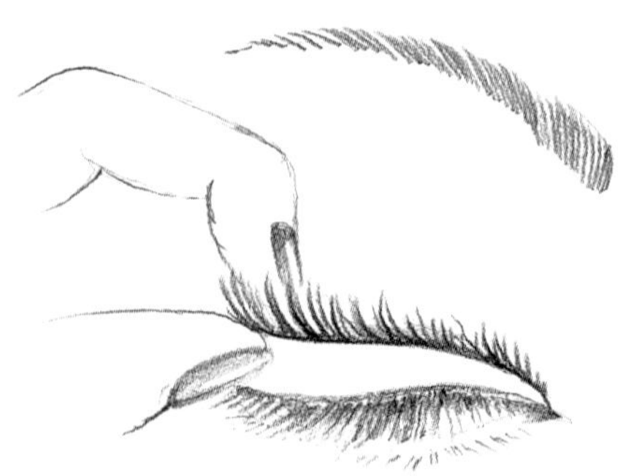

• 눈을 반쯤 감은 상태에서 속눈썹을 붙인다.

(4) 인조 속눈썹의 커트

인조속눈썹의 길이는 눈 앞머리에서 약 1~1.5mm 정도 떨어뜨린 부분부터 눈꼬리 부분에서도 1~1.5mm 정도 짧게 길이를 정하여 커트하는 것이 효율적이며 인조 속눈썹을 붙이기 위해서는 용도의 적합한 속눈썹을 선택한 다음 눈길이나 모양 연출의도에 맞도록 수정하여 사용한다.

① V 자형 커트

② 중앙 부분에 숱을 많이 둔 형태

③ 눈썹꼬리에 숱을 많이 둔 형태

④ 깃털 형태의 V 커트

⑤ 깃털 형태의 커트

(5) 심는 속눈썹 사용 방법

① 케이스에서 핀셋으로 심는 속눈썹 하나를 떼어낸다.
② 접착액에 심는 속눈썹끝을 담구어서 뿌리부분에 접착제를 바른다.
③ 모델의 눈을 살짝 감게 해서 눈꺼풀을 위로 당긴 후 속눈썹 난 자리의 위치에 붙인다.
④ 순서는 아이섀도우 화장 - 아이라이너 - 아이래쉬컬로 컬링 - 심는 속눈썹 - 마스카라순으로 하면 편리하다.

3. 코 메이크업(Nose Make-up)

눈이나 입이 동적(動的)인데 비해서 코는 얼굴의 각 부분 중 거의 움직임이 없는 정적(靜的)부분이라고 할 수 있다. 그리고 코 형태상의 특징은 얼굴 중심에 위치하고 있으며 입체적이라는 점에서 눈에 띄기 쉽다.

1) 코(Nose) 메이크업의 목적

① 얼굴의 균형을 잡아준다.
② 얼굴전체의 이미지 연출이 용이하다.

2) 코(Nose) 메이크업 기본테크닉

① 콧날이 오똑해 보이게 하기 위해서는 파운데이션 단계에서부터 베이스컬러를 달리 해주어야 한다.
② 코의 양측면에도 얼굴에 펴 바르는 파운데이션보다 2단계 더 어두운 파운데이션을 펴 발라준다. 그 위에 베이스 파우더를 한 번쯤 더 눌러주고 코 양측면에 갈색 섀도우를 펴 발라 그림자를 넣어준다.
③ 브러쉬로 눈썹 앞머리에서부터 수직으로 노즈섀도우를 넣어준다. 부드럽게 터치하여 더 자연스런 음영이 생기도록 한다.
④ 노즈 섀도우의 효과를 주기 위해서는 콧날에 밝은 하이라이트를 준다.

3) 코의 형태별 메이크업

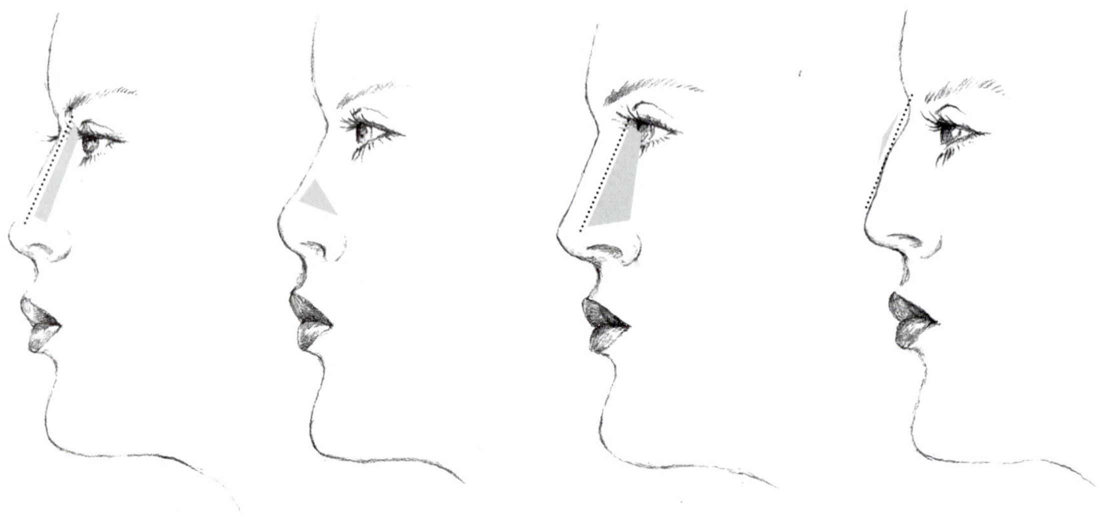

① 낮은코 ② 주먹코 ③ 큰코 ④ 매부리코

① 낮은코 : 낮은 코는 비근부가 낮은 경우와 전체가 낮은 경우가 있다. 이것을 높게 보이도록 코뼈의 측면을 어둡게 쉐딩하고 콧망울과 콧대를 밝게 처리한다. 이 경우 진한 색과 옅은 색의 경계선이 두드러지지 않도록 하는 것이 중요하다.
② 주먹코 : 코 끝이 둥근 경우 양 콧망울에는 어두운 색을 펴바르고 코 끝에는 옅은 색을 펴바르도록 한다.
③ 큰 코 : 큰 코는 얼굴에 비해 넓고 커서 우악스럽고 미련해 보이기도 한다. 이러한 큰 코의 수정은 콧등을 밝게 하고 콧망울과 양쪽 콧대 측면부분을 어둡게 처리하여 얼굴의 균형에 맞도록 유도한다.
④ 매부리코 : 코의 중앙에 층이 있어서 코 끝쪽이 아래를 향해 굽은 코를 매부리코라고 한다. 이 것을 곧게 보이도록 하려면, 콧등의 튀어 나온 부분을 어두운 파운데이션으로 쉐딩처리하여 수정한다.

⑤ 넓은코 : 양눈썹 앞부위를 뽑아서 코의 앞부위와 맞추어 준다.
양미간의 넓은 공간이 코로부터 시선을 위로 가게 해 주어야 한다.
윗입술을 얇게 그려 줌으로써 입과 코 사이의 인중을 더 길어 보이게 한다.

⑥ 가는코 : 코 양쪽부위와 눈썹 앞부분을 일직선으로 해줌으로써 코를 더 돋보이도록 한다.
코 양쪽 넓이 만큼 눈썹 앞부분을 더 그려준다. 윗입술을 두껍게 그려주어 코와 입사이의 거리감을 줄여 준다.

4. 립 메이크업(Lip Make-up)

립 메이크업은 얼굴 전체의 포인트 역할을 한다. 입술은 움직임이 많고 표정이 풍부하기 때문에 눈에 잘 띄는 부분이다. 입술화장은 입술의 윤곽을 살려주고 입술에 색감을 주어 얼굴전체를 생동감있게 표현해 준다. 그러므로 피부톤, 섀도우컬러, 의상컬러를 충분히 고려하여야 한다.

1) 립 메이크업의 목적

① 색상을 이용하여 포인트를 강조한다.
② 입술형태를 수정하여 보다 완벽한 이미지를 연출한다.
③ 외부자극으로부터 입술을 보호한다.

2) 립 메이크업 제품의 종류

① 립스틱(Lip stick)

스틱상태로 되어 있거나 용기에 담겨져 있는 형태로 가장 일반적인 형태이며 색상과 질감이 다양하다. 그리고 발색도가 진하므로 립 브러쉬를 이용하여 입술모양을 수정 · 보완하여 새로운 이미지 연출에 용이하다. 색상을 위주로 한 제품과 오일함량을 높여 윤기있는 질감을 위주로한 제품, 펄의 함량을 높여 빛나는 질감 위주의 제품으로 나누어 진다.

② 립그로스(Lip gloss)

입술을 윤기있고 촉촉하게 해 주어 입술 보호역할을 한다. 색상은 투명한 경우가 많으므로 립스틱 위에 덧발라 주어 윤기있는 느낌을 주며, 내츄럴(Natural) 메이크업에 용이하다.

③ 립라이너(Lip liner)

펜슬타입으로 입술선을 선명하게 표현해 주며, 입술 형태를 수정 · 보완하여 지속성을 높여 주므로 입술화장을 번지지 않게 오래 지속시켜 준다.

④ 립코트(Lip coat)

립스틱 위에 발라서 립스틱의 지속력을 증대시켜 주는 역할을 한다.

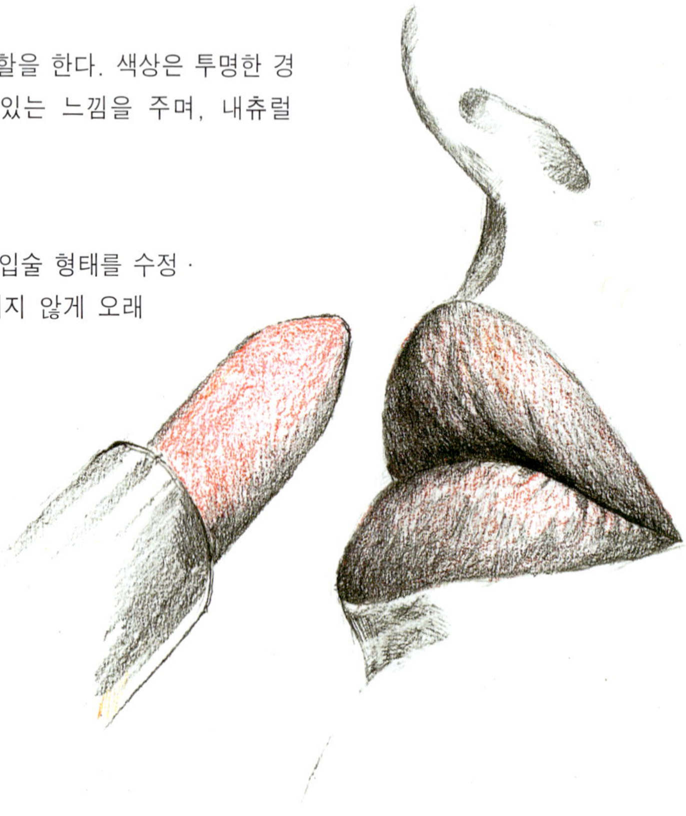

3) 제품선택 요령

① 립스틱 전체가 균일하고 색상이 얼룩지지 않는 것.
② 사용할 때 매끄럽게 발라지고 퍼짐성이 좋은 것.
③ 향이 강하지 않고 은은한 것.

4) 색상선택 요령

립스틱은 피부색, 머리카락색, 아이섀도우의 색상, 의상색상 등을 고려하여 선택 하도록 한다.

(1) 피부색의 기준

피부톤	립스틱색상
흰 피부	창백하게 보이기 쉬우므로 핑크계열, 밝은 퍼플계열, 레드계열, 선명한 색
푸른빛 피부	파스텔계열의 신선한 느낌의 색
핑크빛 피부	블루계열, 강한 와인색, 퍼플계열
황색 피부	오렌지계열, 레드계열(어두운), 브라운계열
황갈색 피부	벽돌색, 브라운계열

(2) 연령에 기준

연령	립스틱 색상
젊은층	차분하고 온화한 색(중간 tone 정도), 입술 화장에 중점
중년층	오렌지, 레드계열(어두운), 브라운계열

(3) 치아 색상에 따른 고려

치아	립스틱 색상
치아가 누런 경우	퍼플계열의 짙은 색상
치열이 고르지 못한경우	레드계열

(4) 입술색과 형태에 따른 고려

입술색	립스틱 색상
입술색이 짙은 경우	선명하고 짙은 색상
입술색이 옅은 경우	파스텔계열
입술이 큰 경우	짙은 색, 펄제품 삼가
입술이 작은 경우	옅은 색, 펄제품 사용
입술이 튀어 나온 경우	짙은 색

5) 입술윤곽 그리기

① 입술의 양끝은 눈동자 중앙에서 수직으로 내린 선의 조금 안쪽에 위치한다.
② 입술산은 양 콧구멍을 중심으로 수직으로 내린선과 만나는 부분에 위치한다.
③ 이상적인 윗입술 : 아랫입술 비율은 1 : 1.5 이다.

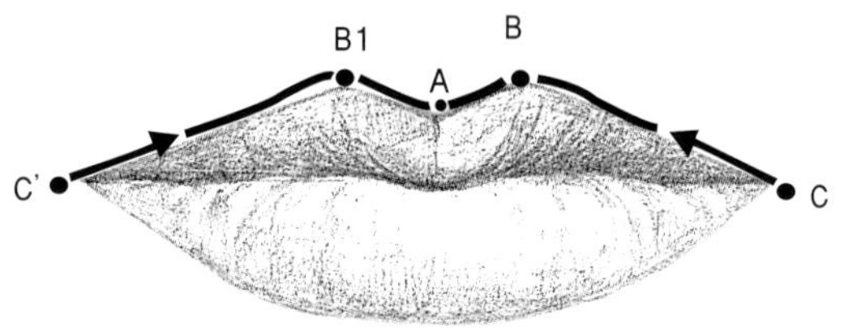

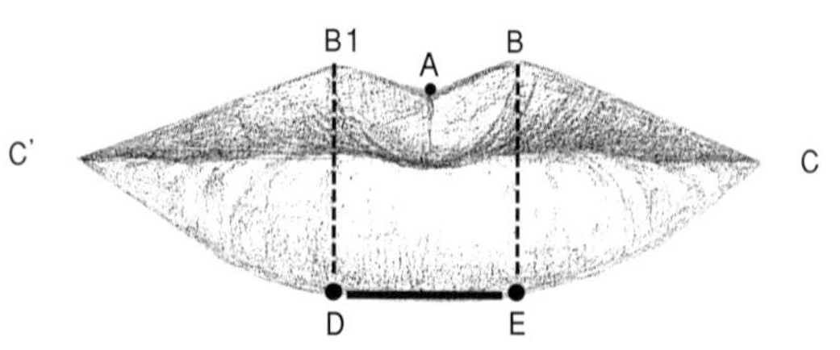

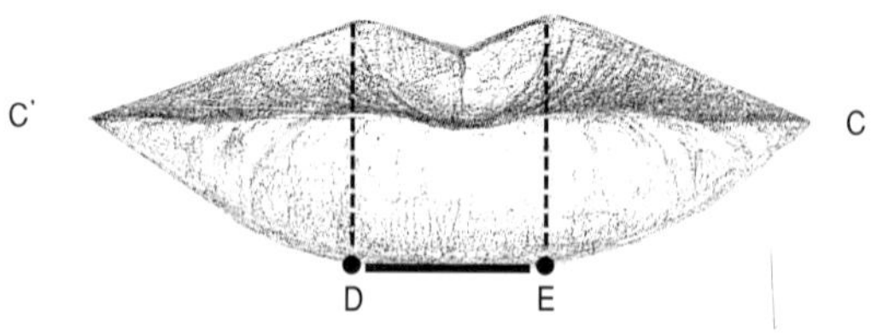

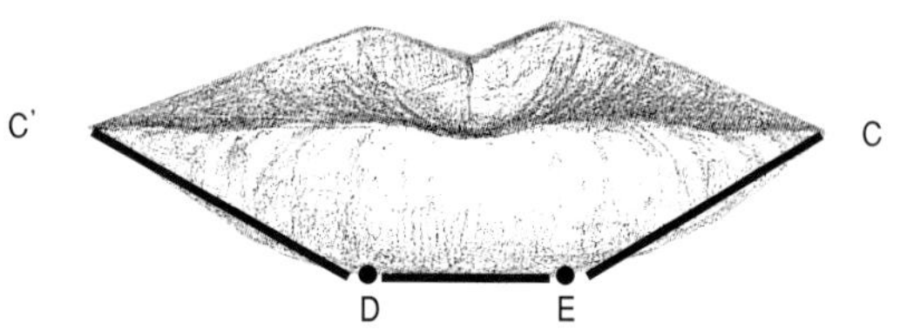

① 윗입술 그리기

- 코 끝을 수직으로 연장한 가상선이 윗입술에 닿는 부위에 기준점(A)를 설정한다.

기준점 A의 양쪽으로 동일한 각도와 길이로 B점을 향하여 상향선을 그려준다. 이때 상향선의 각도 크기와 길이는 입술을 어떻게 수정할 것인가에 따라 결정된다.

- B점에서 시작하여 입술 윤곽선을 내려 그린다. 현재의 입술 모양을 그대로 유지하려면 원래의 입술윤곽을 따라 그리면 되나 입술 두께를 수정하려면 원래의 입술윤곽 안쪽 또는 바깥쪽을 따라서 윤곽선을 내려 그려야 한다.
- 입술 접합점 C에서 시작하여 B점을 향하여 상향선을 그려준다.
- 반대편 입술도 동일한 요령으로 그려주고 필요한 경우 입술봉우리 기준점인 B 및 B1점을 둥글게 표현한다.

② 아랫입술 그리기

- 윗입술 봉우리의 정점인 B의 수직연장선상선에 기준점 E를, B1의 수직연장선상에 기준점 D를 표시한 후 D와 E를 연결한다.
- D와 E를 연결하는 선은 표현하려는 입술의 모양에 따라 둥글게 또는 직선으로 그려준다.
- 입술 접합점 (C)에서 직선으로 내려 그린 선을 아랫입술의 봉우리 정점(E)에 연결하되 입술의 크기와 굵기 등에 따라서 직선 또는 둥글게 연결한다.
- 반대 방향에서도 동일하게 C와 D를 연결한다.

6) 립 메이크업(Lip Make-up)의 방법

① 파운데이션과 표백분으로 본래의 입술색과 입술라인을 커버한다.
② 그리고자 하는 입술형을 선택하여 입술산을 립브러쉬나 립라이너로 윤곽을 그린다.
③ 선택한 립스틱 색상으로 입술전체에 칠한다.
④ 티슈를 사용하여 가볍게 립스틱의 유분기를 제거한다.
⑤ 파우더로 입술전체를 고정시킨다.
⑥ 입술윤곽을 고려하여 색상을 선택하고 다시 립스틱을 덧발라 준다.
⑦ 립그로스로 마무리한다.

7) 립라인에 따른 이미지

① **바깥쪽으로 향한 커브(Out curve)**

세련되고 섹시한 이미지의 입술이다. 본래의 입술라인보다 다소 넓은 듯 둥글게 그려야 볼륨감 있는 입술이 된다. 윗입술의 산과 산 사이를 약간 벌어진 상태로 자연스럽게 그리고 아랫입술은 둥글고 도톰하게 그려 줌으로써 시각적으로 넓은 하관이 줄어들어 보인다.

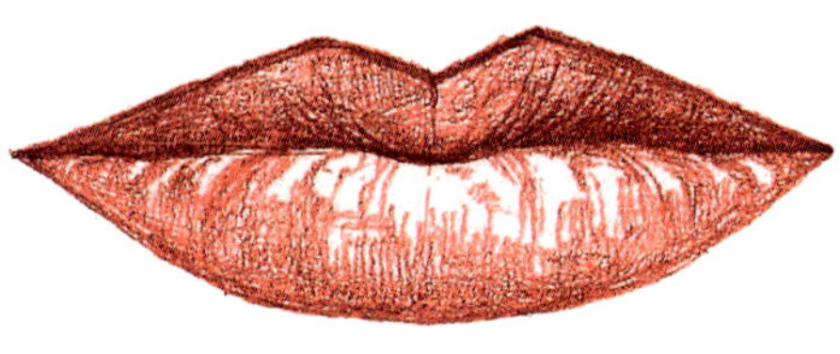

② **선명하고 직선적인 라인(Straight)**

세련되고 이지적인 느낌이 강한 샤프한 이미지를 나타낸다. 입술선을 살려 각이 직선이 되도록 그리고 입술산도 직선적으로 그린다. 아랫입술을 길고 가름하게 그리면 단정한 느낌을 줄 수 있다.

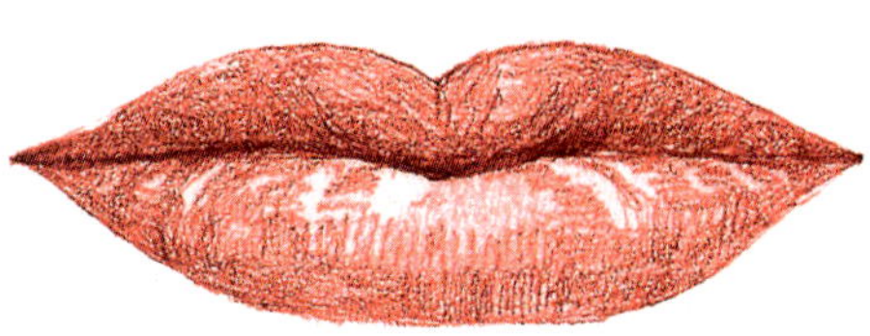

③ **안쪽으로 향한 커브(In curve)**

귀엽고 사랑스러운 이미지의 입술라인이다. 입꼬리 부분을 입술라인 안쪽을 향해 가늘게 그리면 부드럽고 여성스러운 분위기가 돋보이고 구각을 올려 그리면 청순한 이미지가 된다.

8) 입술형태에 따른 테크닉

① 얇은 입술

부드러워 보이지만 빈약해 보이기 쉬운 입술로서 본래의 입술선보다 1~2mm 정도 밖으로 늘려서 전체적으로 둥글고 풍만하게 보이도록 한다. 입술산을 강조하여 그려주는 것이 효과적이다.
색상은 펄이 있는 색상을 사용하는 것이 좋으며 진한색의 색상은 입술을 더욱 얇아 보이게 하므로 주의해야 한다.

② 두꺼운 입술

본래의 입술보다 1~2mm 정도 작게 안쪽으로 그리고, 입술산은 완만하게 그린 후 수축의 효과를 나타내기 위한 짙은 계열의 립스틱을 바른다.
립스틱은 입술 바깥쪽을 흐리게 안쪽을 진하게 발라준다.

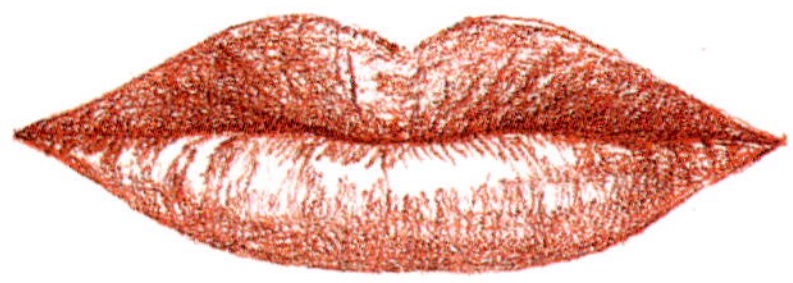

③ 큰 입술

본래의 입술보다 구각 쪽으로 1~2mm 작게 줄여 그리며 입술중앙에는 짙은색의 립스틱을 바른다.

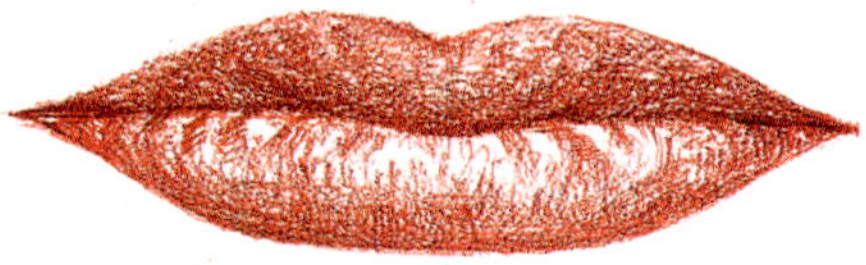

④ 작은 입술

전체적으로 길이, 크기를 1~2mm 넓게 그리고 폭도 늘인다. 밝고 따뜻한 색상을 선택하고 아랫입술 중앙부분에 펄이 있는 립스틱이나 립글로스를 사용하면 부피감있는 입술 표현이 된다.

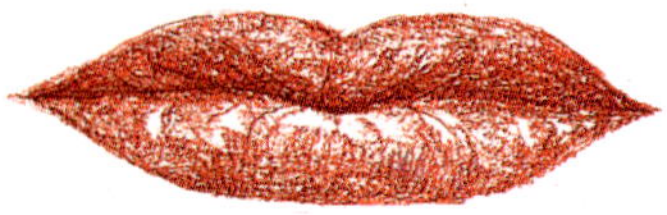

⑤ 돌출된 입술

짙은 립라이너를 이용하여 립라인을 짙게 그린 후 전체적으로 짙은 색상을 선택하여 브라운계열, 레드계열, 퍼플계열 등 수축되고 후퇴되어 보이는 색상을 선택하여 바른다. 이때 밝은색이나 펄이든 색상은 입술이 더욱 돌출되어 보이므로 적합하지 않다.

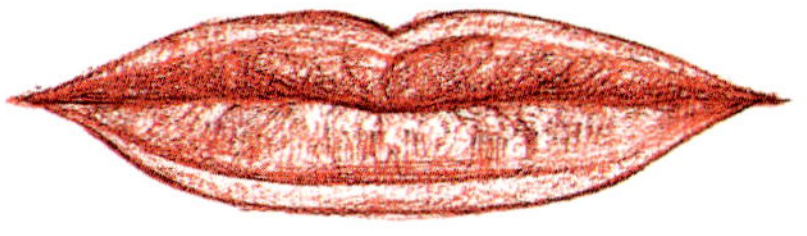

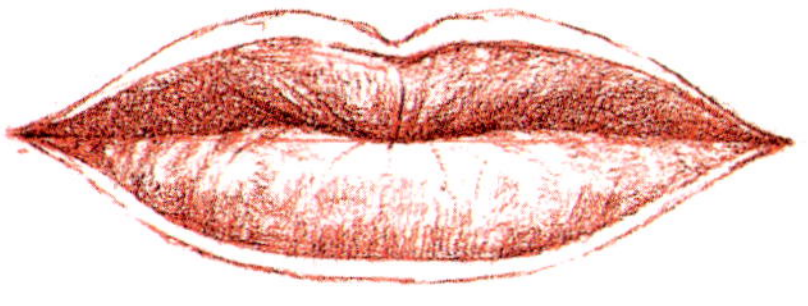

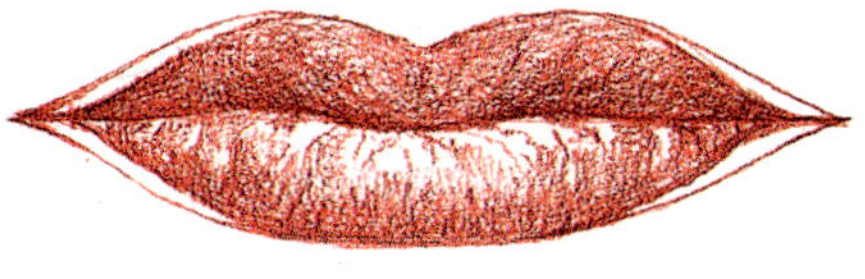

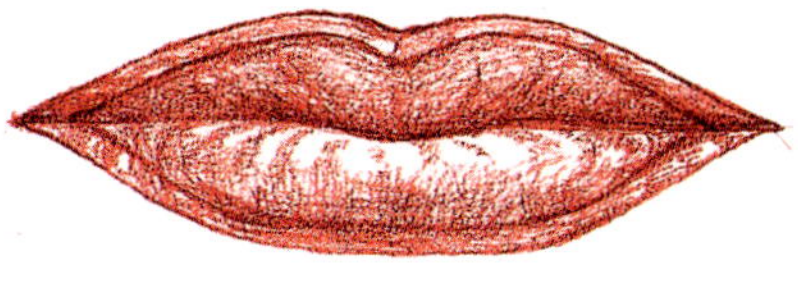

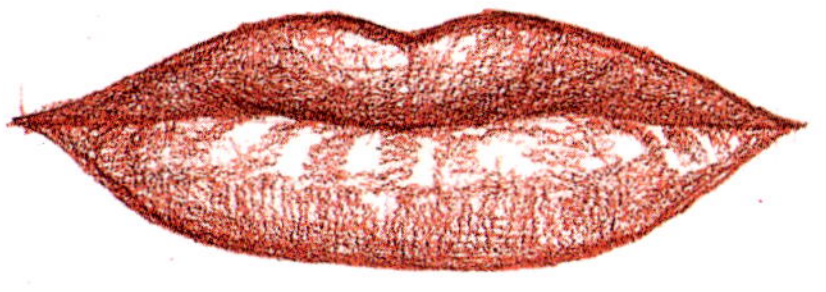

⑥ 입꼬리가 처진 입술

입꼬리가 처진 형은 침울해 보이고 나이가 들어 보이므로 입술 구각 부분을 1~2mm 정도 올려서 그려주며 윗입술은 스트레이트형으로 아랫입술은 아웃커브로 처리하여 처진 입술이 올라가 보이도록 연출한다.

⑦ 입술산이 흐린 입술

립라이너를 이용하여 입술산을 또렷하게 표현하고 짙은 계열의 입술 색상을 선택하는 것이 좋다.

⑧ 윗입술이 두꺼운 입술

본래의 윗입술보다 1~2mm 정도 줄이고 아랫입술은 늘여서 그린다.

동색계열로 바르되 윗입술은 아랫입술보다 짙은 색상으로 표현하고 아랫입술에 펄이나 하이라이트를 주어 도톰하게 처리한다.

⑨ 아랫입술이 두꺼운 입술

본래의 아랫입술보다 1~2mm 정도 줄여 그리고 윗입술은 본래의 윤곽선 보다 1~2mm 정도 크게 그린다. 입술산은 약간 강조하여 두께가 있어 보이게 한다.

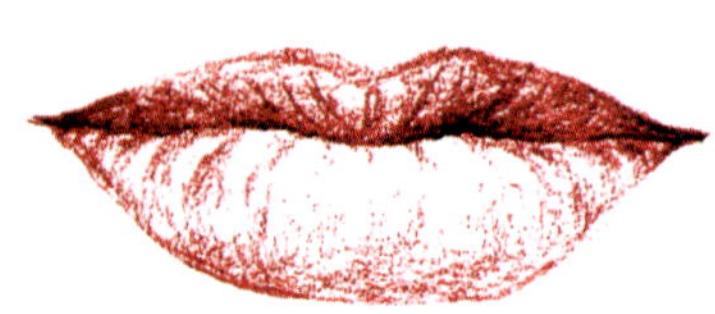

⑩ 주름이 많은 입술

세로로 난 주름 사이로 립스틱이 번질 염려가 있으니 펜슬타입의 립라이너로 라인을 선명하게 그린 후 유분기가 적은 연한 계열의 색을 선택하는 것이 좋다.

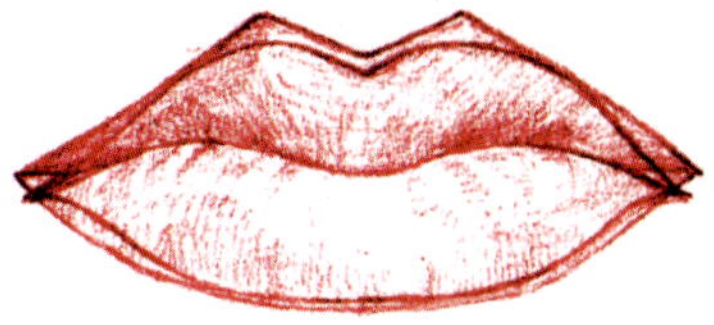

5. 볼 메이크업(Cheek Make-Up)

볼 메이크업은 사용 색상에 따라 메이크업의 분위기를 개성있게 변화시킬 수 있으므로 피부색이나 표현하고자 하는 메이크업의 이미지를 고려하여 선택하도록 한다.

1) 볼 메이크업의 목적

① 피부에 혈색을 주어 생기를 부여한다.
② 밋밋한 윤곽에 음영을 준다.
③ 눈과 입술을 자연스럽게 조화시켜 준다.

2) 볼 메이크업 제품의 종류

① **케이크타입**(Cake Type)

일반적으로 널리 사용되는 타입이며 파우더를 바른 후 브러쉬를 이용하여 바르며 색감표현이 용이하고 자연스러워 손쉽게 사용할 수 있다.

② **크림타입**(Cream Type)

파운데이션을 바른 후 파우더를 사용하기 전에 솜이나 스폰지를 이용하여 경계가 생기지 않도록 펴 준다.

3) 볼 메이크업의 색상선택

① 핑크계열 : 피부에 혈색을 주며 귀엽고 앳된 이미지를 준다.
② 오렌지계열 : 신선하고 생동감이 넘치며 건강하고 활동적인 이미지를 준다.
③ 브라운계열 : 현대적이고 세련된 이지적인 이미지와 성숙한 인상을 준다.
④ 로즈계열 : 여성스럽고 사랑스러운 이미지를 주며 때로는 요염한 인상을 준다.

4) 볼 메이크업의 기본위치

브러쉬를 할 때 위치는 모델이 정면을 보고 있을 때 눈동자의 바깥부분과 코 끝을 연결한 선의 위쪽 부분이 기본 블러셔의 위치이다.

5) 볼 메이크업의 방법

① 볼 화장은 전체를 같은 색조로 바르는 것이 아니라 중심이 되는 부위를 가장 진하게 하고 자연스럽게 피부에 펼쳐 경계선이 없도록 한다.
② 브러쉬에 내용물을 묻혀 손등에서 미리 색상을 조절하여 사용한다. 브러쉬로 얼굴을 두드려 발라 주어야 피부에서 우러나오는 색감을 연출할 수 있다.
③ 색감을 약하게 덧 바르면서 진하게 표현한다. 색이 너무 진하다고 생각될 때에는 티슈로 닦아 내든지 치크를 바른위에 파우더를 발라주면 색이 좀 더 열어지게 된다.

6) 치크를 바르는 범위에 따른 테크닉

① 넓게 바를때 : 바르는 부위의 중심에서 바깥쪽을 향해 자연스럽게 바른다.

② 좁게 바를때 : 바르는 부위의 브러쉬를 상하로 움직이며 바른다.

③ 선적인 느낌을 강조할때 : 한쪽방향으로 움직여 바른다.

7) 치크의 형태에 따른 이미지 변화

① 여성적인 이미지

볼뼈를 중심으로 관자놀이 쪽으로 바른다.
눈주위와 관자놀이에도 옅게 펴 바른다.

② 지적인 이미지

볼뼈 윗쪽은 밝은색으로 하이라이트를 주고
그 밑은 약간 어두운 컬러로 섀도우를 준다.

③ 활동적인 이미지

볼뼈의 약간 아랫부분에 다소 짙은 컬러로
선적인 이미지를 살려 삼각형으로 나타낸다.

④ 귀여운 이미지

눈밑의 뺨부분에 둥근느낌이 나도록 바른다.

둥근형

사각형

긴형

역삼각형

다이아몬드형

타원형

8) 얼굴형에 따른 치크 테크닉

① 둥근형

통통한 얼굴을 갸름하게 하는데 중점을 둔다. 오렌지나 브라운계열의 조금 어두운 색을 선택하여 광대뼈 아래에 약간 샤프하게 넣는다. 뺨보다 약간 위 쪽에 부드러운 컬러를 넣는다.

② 사각형

치크를 약간 폭넓게 하고 각이 진 턱선을 짙은 색상으로 커버한다. 광대뼈에서 관자놀이 밑부분까지 짙은 컬러의 브러쉬를 넣어 따뜻하고 부드러운 느낌의 라인을 만든다. 각진 부분은 두드러지지 않도록 음영을 준다.

③ 다이아몬드형

볼뼈의 두드러짐이 강조되지 않도록 주의하며 광대뼈를 중심으로 옅고 폭넓게 바르고 둥글고 부드러운 느낌을 살려주면 지적이며 따뜻한 이미지를 준다.

④ 긴 형

가로의 느낌으로 발라 긴 느낌을 줄이도록 한다. 볼 아래에 브러쉬를 넓게 바르고 이마와 턱부분에 쉐딩을 한다. 강한 컬러보다는 핑크나 로즈 등의 따뜻한 컬러가 좋으며 광대뼈를 중심으로 콧망울과 구각을 향하여 가로의 느낌으로 바른다.

⑤ 역삼각형

좁은 턱선을 강조하지 않도록 주의하며 화려한 이미지가 잘 어울린다. 핑크계열의 컬러를 귀부분에서 구각의 약간 위쪽을 향해 부드럽게 펴 바른다.

⑥ 타원형

전체적인 상황이나 분위기를 감안하여 광대뼈 위에 혈색을 보안하고 이미지에 맞는 방법을 선택한다.

V. 얼굴형에 따른 이미지 메이크업의 실제

1. 둥근형의 귀여운 이미지

2. 역삼각형의 지적인 이미지

3. 긴형의 여성스러운 이미지

4. 사각형의 활동적인 이미지

5. 계란형의 청순한 이미지

6. 마름모형의 섹시한 이미지

IMAGE MAKE-UP

1. 둥근형의 귀여운 이미지(CUTENESS)

볼이 통통하고 얼굴선이 부드러운 둥근형은 귀여운 이미지가 효과적이다.
너무 두껍게 메이크업하거나 라인수정을 많이 하면 부자연스러워지므로 파스텔톤으로 자연스럽게 색조화장을 한다.
얼굴형의 단점을 모두 수정하기보다는 장점으로 활용하는 메이크업 계획이 필요하다.

피부표현(Base Make-up)

밝고 화사하게 피부톤을 조절한다.

눈썹(Eye Brow)

진하지 않은 그레이색으로 눈썹산이 높은 둥근 화살형으로 그린다.

눈(Eye Make-up)

베이스를 인디언 핑크색으로 펴 바른 후 눈꼬리와 언더라인 부분에 어두운 핑크색으로 포인트를 주어 부드럽게 그라데이션 한다. 눈썹뼈를 중심으로 하이라이트를 라이트 핑크로 바른다.

입술(Lip Make-up)

옅은 핑크계열로 입술산에 포인트를 주어 둥글고 도톰한 윤곽을 그린 후 핑크펄을 바른다.

볼(Cheek Make-up)

광대뼈를 중심으로 핑크색을 둥글게 바른다.

point

얼굴형을 보완하는 의도라면 둥근형을 강조하지 않고 눈, 입술, 볼 등을 세로의 길이를 강조하는 메이크업 계획이 필요하다.

2. 역삼각형의 지적인 이미지(SHARP)

이마는 넓고 시원하지만 턱이 좁은 얼굴형은 지적이고 세련된 인상을 준다.
진한 메이크업을 하면 현대적인 이미지가 부각되고 자연스런 메이크업을 하면 소녀다운 이미지를 연출할 수 있다.
개성이 있는 얼굴형을 그대로 부각시키는 방법도 좋은 연출이 될 수 있다.

피부표현(Base Make-up)

T존과 눈밑에는 아이보리색, 턱선에는 브라운색을 발라 음영을 주어 차분한 베이지로 피부톤을 맞춘다.

눈썹(Eye Brow)

진한 그레이로 앞머리는 약하게 시작해서 눈썹산을 다소 각지고 날렵하게 그려준다.

눈(Eye Make-up)

베이스는 연한 베이지를 눈두덩이에 넓게 펴 바르고 눈꼬리에서 언더라인으로 초코렛색으로 포인트를 준다.

입술(Lip Make-up)

입술이 차분해 보이도록 브라운색 펜슬로 입술산을 그리되 입꼬리를 길게 살려 전체적으로 얇고 샤프하게 그린 후 차가운 느낌이 도는 브라운색 립스틱을 바른다.
유분이 적고 매트한 립스틱이 좋다.

볼(Cheek Make-up)

브라운 계열의 블러셔로 귀에서 입꼬리 보다 약간 윗쪽으로 펴 바른다.

point

얼굴형의 단점을 보완한 메이크업 계획은 눈썹, 눈, 입술, 볼 등 모두 곡선으로 처리하면 다소 부드러운 이미지로 보완된다.

3. 긴형의 여성스러운 이미지(ELEGANCE)

길고 가름한 얼굴형은 여성스러움과 성숙한 이미지, 또는 지적인 이미지를 준다.
포인트메이크업은 얼굴형태에 많은 영향을 주므로 이미지 연출에 중요한 요인이 된다.

피부표현(Base Make-up)

핑크톤이 도는 파운데이션과 파우더를 발라 화사한 피부톤과 얼굴윤곽 수정에 중점을 둔다.

눈썹(Eye Brow)

부드러운 일자형으로 그린 후 이미지색상은 진한 브라운색이 좋다.

눈(Eye Make-up)

베이스를 인디언핑크로 연하게 펴고 어두운 퍼플색으로 포인트를 주어 부드럽게 그라데이션한다.
눈머리에 흰색 펄을 넓게 펴 발라 하이라이트를 준다.

입술(Lip Make-up)

부드러운 느낌의 곡선형이 좋으나 너무 둥글거나 크게 그리지 않는다.
색상은 투명하고 밝은 핑크계열로 바른다.

볼(Cheek Make-up)

광대뼈를 중심으로 가로로 폭 넓게 인디언 핑크로 바른다.

point

전체적으로 가로의 느낌으로 메이크업을 해주어 자칫 나이들어 보이는 이미지를 다양한 색상선택으로 보완한다.

4. 사각형의 활동적인 이미지(ACTIVITY)

폭이 넓은 이마와 각이 진 턱을 가진 얼굴형은 활동적이고 도전적인 이미지를 준다.
이 얼굴형은 강하지만 품위있는 아름다움을 가지고 있으므로 깊이 있고 원숙한 이미지연출이 용이하다.

피부표현(Base Make-up)

밝은 브라운 계열의 차분한 베이스로 건강한 피부톤을 만든다.

눈썹(Eye Brow)

눈썹산은 약간 각을 주고, 어두운 그레이색을 선택하여 다소 진하게 그린다.

눈(Eye Make-up)

옅은 오렌지색으로 베이스를 바른 후 그레이와 브라운 계열로 포인트를 주어 그라데이션 한다.
눈썹뼈 밑에 흰색으로 하이라이트를 준다.

입술(Lip Make-up)

입술산을 각지게 그리고 입술선도 둥글리지 않는다. 입술이 작으면 외소한 느낌을 주므로 윤곽에 맞추어 꽉 차게 그린후 어두운 레드색으로 바른다.

볼(Cheek Make-up)

브라운 계열로 귀쪽에서 광대뼈 쪽으로 폭넓게 바른다.

point

얼굴형을 보완하는 메이크업과 장점으로 활용하는 메이크업이 다소 차이가 있으므로 이미지계획이 중요하다.

5. 계란형의 청순한 이미지(GIRLISH)

반듯한 이마와 갸름한 얼굴형은 어떤 이미지로도 연출이 가능하다.
이 얼굴형은 청순하면서도 여성적인 부드러움을 가지고 있으므로 깨끗한 이미지 메이크업이 용이하다.

피부표현(Base Make-up)

화사한 파스텔 계열의 투명하고 자연스러운 피부톤을 만든다.

눈썹(Eye Brow)

눈썹산이 낮은 스트레이트형 눈썹으로 인위적이지 않도록 자연스럽게 그린다.

눈(Eye Make-up)

베이스 컬러를 밝은 오렌지로 펴 바르고 쌍꺼풀 안쪽에 밝은 그린색을 바른 후 어두운 그린으로 포인트를 준다.
눈 앞머리와 눈썹뼈 밑부분은 밝은 베이지색으로 하이라이트를 준다.

입술(Lip Make-up)

입술이 빈약하면 허약하고 차가워 보이므로 입술선을 따라 자연스럽게 그려준다.
오렌지 계열의 립스틱과 립그로스를 섞어 바른다.

볼(Cheek Make-up)

연한 브라운과 오렌지를 섞어 광대뼈 아래를 중심으로 부드러운 느낌을 표현한다.

point

다양한 이미지연출이 가능하므로 포인트메이크업 색상과 폭넓은 테크닉 선택으로 이미지변화를 시도한다.

6. 마름모형의 섹시한 이미지(SEXY)

섹시하다는 느낌은 얼굴의 볼륨있는 선이 만드는 느낌이다.
눈가의 부드러운 곡선과 입술의 풍만한 곡선이 어우러져 있는 마름모형의 얼굴형은 섹시한 이미지 메이크업에 용이하다.

피부표현(Base Make-up)

브라운계열로 건강하고 매혹적인 피부톤을 만든다.

눈썹(Eye Brow)

짙은 브라운 계열색으로 눈썹산이 높고 가는 화살형을 그린다.

눈 (Eye Make-up)

눈전체에 베이스를 베이지 계열로 펴 바른 후, 눈꼬리에 블랙과 그레이 섀도우로 포인트를 준다.
눈의 중심 부분과 눈썹뼈밑을 화이트 펄로 하이라이트 처리한다.
아이라인은 액상 아이라이너를 이용하여 진하고 길게 그린다.

입술(Lip Make-up)

매혹적인 어두운 레드계열로 입술산을 약간 밖으로 그리고, 아랫입술은 약간 아래로 두껍게 그린 후 아랫입술의 중심을 하이라이트 처리해 준다.

볼(Cheek Make-up)

깊이가 있는 와인색으로 블러셔를 광대뼈보다 안쪽으로 중앙에 폭넓게 바른다.

point

아주 개성있는 얼굴형으로 그대로 살려주면 강하고 활동적인 이미지표현이 가능하다.

Ⅵ. 테마에 따른 메이크업의 실제

1. 내츄럴 메이크업
2. 패션 메이크업
3. 광고 메이크업
4. 포토 메이크업
5. 웨딩 메이크업

THEME OF MAKE-UP

1. 내츄럴 메이크업(Natural Make-up)

인위적인 메이크업보다 자연 그대로 연출하는 메이크업으로 얼굴형태나 피부톤, 결점 등을 완벽하게 커버하지 않는 자연스러운 메이크업을 말한다.

1) 메이크업 방법

① **피부표현**(Base Make-up)

피부색과 비슷한 리퀴드 파운데이션이나 크림 파운데이션을 바른다. 피부의 결점을 보완하기 위해 두텁게 바르기 보다는 피부컬러를 통일시키기 위해 골고루 펴 바르며 파우더는 파운데이션 색깔이 그대로 유지되는 투명 파우더가 무난하다.

② **눈썹**(Eye Brow)

눈썹은 머리색상과 비슷한 색상의 아이섀도우로 그리거나, 엷은 그레이색이나 브라운 색펜슬로 그린 후 번지지 않도록 아이섀도우로 마무리 한다.

③ **눈**(Eye Make-up)

아이섀도우는 하이라이트에 중점을 두어 메이크업을 하고 속눈썹은 액센트를 주어 강조함으로써 눈매를 두드러지게 만든다. 섀도우색상은 파스텔색조를 사용하여 그라데이션함으로서 자연스럽고 부드러운 눈매를 연출한다.

아이라인은 인위적으로 그리지 않는 것이 좋으며 섀도우 타입이나 연필타입으로 부드럽게 그려준다. 속눈썹은 마스카라를 엷게 여러 번 반복해서 발라줌으로써 연출되는 길고 우아한 속눈썹이 내츄럴 스타일의 아이메이크업 포인트이다.

④ **볼**(Cheek Make-up)

지나치게 화려한 느낌이 들지 않도록 최소한으로 터치해 주며 볼의 가장자리 부분에 흩뿌리듯이 발라준다.

모노톤 메이크업에 어울리는 베이지계열의 색상을 선택하는 것이 적합하다.

⑤ **입술**(Lip Make-up)

내츄럴 메이크업의 포인트는 아이 메이크업에 있으므로 입술윤곽이 두드러지게 표현되지 않도록 립라이너를 입술과 비슷한 색상으로 선택하고 윤곽만을 표현하여 원래의 입술색을 유지한다.

이때 립스틱도 모델의 입술색과 가장 비슷한 컬러로 선택하거나 립그로스를 발라준다.

2. 패션 메이크업 (Fashion Make-up)

의상, 소품, 장소, 계절, 문화 등 다양한 패션경향에 따라 연출되며 시대에 따른 유행과 컬러가 민감하게 제시된다.

1) 무채색의 차분한 의상의 메이크업 실제

① 피부표현(Base Make-up)

의상이 검정(Black), 회색(Gray), 짙은 밤색(Dark Brown) 등 어두운 색조는 피부색을 약간 밝게 보이게 한다.

파운데이션은 베이지색에 핑크빛이 도는 것을 선택하고 파우더는 투명한 색으로서 번쩍이지 않도록 눌러주듯이 바른다.

② 눈썹(Eye Brow)

검정(Black), 회색(Gray), 짙은 밤색(Dark Brown) 등이 좋다.

③ 눈(Eye Make-up)

아이섀도우는 펄이 든 것을 사용하여야만 조명을 받을 때 화려한 인상을 준다.

④ 볼(Cheek Make-up)

다크브라운이나 레드계열로 강하게 한다.

⑤ 입술(Lip Make-up)

립라인을 정확히 그린 후, 짙한 빨강색(Dark Red)이나 자주색을 사용하여 또렷한 이미지를 준다.

2) 색깔이 있는 화려한 의상의 메이크업 실제

화려한 옷차림에서는 얼굴보다도 먼저 의상이 눈에 들어온다. 그러므로 강한 인상보다는 부드럽고 우아한 옷과 대조적인 메이크업 연출이 효과적이다.

① 피부표현(Base Make-up)

화려한 색상에 스킨톤이 밝으면 얼굴이 커 보인다. 그러므로 파운데이션은 베이지색과 연한 갈색(Brown)을 섞어 바르고 파우더는 투명한 색과 짙은 갈색(Dark Brown)으로 볼뼈 밑, 턱밑 부분으로 음영을 준다.

② 눈썹(Eye Brow)

검정(Black)보다 짙은 갈색(Dark Brown)이 어울린다. 연필보다 아이섀도우컬러를 이용해 부드럽게 표현한다.

③ 눈(Eye Make-up)

아이섀도우는 펄이 섞이지 않은 핑크(Pink)나 연한 갈색(Brown)을 사용하여 강한 인상을 주지 않도록 한다.

④ 볼(Cheek Make-up)

의상색과 연계된 핑크(Pink) 계열로 한다.

⑤ 입술(Lip Make-up)

파스텔색조의 핑크(Pink)나 오렌지(Orange) 계열이 좋으며 깔끔하고 자연스럽게 정리해준다.

3) 한복의상의 메이크업 실제

한복은 화려하면서도 절제된 아름다움이 느껴지는 민족 의상으로 단아함과 우아함을 지니고 있으며 디자인은 물론 소재에 의한 질감, 색상 등 여러가지 요소에 의해 다양한 멋과 품위가 연출된다.

① 피부표현 (Base Make-up)

자연스러운 피부표현을 위하여 베이스 컬러를 선택한다. 밝고 화사한 느낌을 주기위해 모델의 피부톤보다 한단계 밝은 베이지 계열의 파운데이션을 선택하고 목선이 드러나는 의상이므로 목과의 경계가 생기지 않도록 여분의 파운데이션으로 목에 그라데이션해 준다.

② 눈썹 (Eye Make-up)

부드러운 곡선을 살려주는 아치형으로 그리며 너무 굵지 않고 모발색보다 강하지 않는 컬러를 선택하여 그려 준다.

③ 눈 (Eye Make-up)

아이섀도우는 대체로 한복의 색상과 조화를 이룰 수 있는 너무 강하지 않는 색계열을 선택해 주고 마스카라를 사용하여 속눈썹을 풍성하게 해 준다.

그러나 브라운계열의 컬러로만 표현하기보다는 핑크(Pink)나 오렌지(Orange)의 밝은 계열을 섞어서 화사하게 표현하면 더욱 효과적이다.

④ 볼 (Cheek Make-up)

오렌지(Orange)와 핑크(Pink) 계열의 화사한 볼 화장이나 브라운 계열의 은은하고 부드러운 볼 화장으로 표현하고자 하는 이미지를 표현한다.

⑤ 입술 (lip Make-up)

섀도우 색상과 조화되게 바르며 립라인은 아웃커버보다는 윗 입술을 인커버로 그려주고 아랫입술은 부드럽게 그려주는 것이 한복 이미지와 잘 어울린다.

단, 입술과 눈 모두에 시선이 집중되지 않고 어느 한 쪽에 포인트가 되도록 주의한다.

3. 광고 메이크업(CF Make-up)

제품, 기업 홍보, 공공기관의 캠페인 등 특수 목적을 갖고 일반인에게 알리고자 제작한 전문 영상작업을 광고라 하고, 광고 메이크업은 그 광고의 효과를 극대화시키기 위해서 기획의도를 충분히 파악하여 이미지 또는 제품의 특성에 따라 메이크업을 구상해야 한다. 제작(연출)자의 요구 조건을 충분히 수용, 의견을 수렴하여 메이크업 작업자가 더 나은 아이템을 창출해 낼 수 있는 양질의 능력을 발휘해야 한다.

TV, 영상광고 메이크업(TV, Video, C.F make-up)

TV영상에 비쳐지는 색상은 무척 다양하며 무대의 배경과 카메라, 조명, 광고이미지에 따라 많은 영향을 받는다. 예를 들면 TV, 영상 M/up시 핑크색을 칠한 건강한 여성의 뺨메이크업이 TV화면에 재현될 때 자칫 레드로 나타날 수 있다. 아이섀도우의 여러 색은 재현색이 어떻게 나타나는 가를 계산하여야 한다. 이것은 조명의 영향과 기계설치에 따른 색조의 영향 등에 따라 다르게 나타나기 때문이다. 하이라이트는 베이스보다 명도가 3~4도 밝고 섀도우는 3~6도 정도 어둡다. 그 차이가 크면 클수록 잘 그라데이션 하여야 하며 번쩍거리는 것이 없도록 투명분을 많이 쓰도록 한다.

TV는 공연무대보다 클로즈 업이 많으므로 입체 메이크업기술이 더욱 널리 쓰이며 세세한 부분까지 신경을 써야 한다. 그 예로 본래의 색보다 밝게 보이며 얼굴이 평퍼짐하게 나타난다. 갈색의 립스틱이 붉은색으로 보여지며 순색의 흰색은 지나치게 돌출되어 보이므로 사용에 주의하여야 한다.

4. 포토 메이크업(Photo Make-up)

사진 메이크업은 사진으로 결과가 나올 때 메이크업시 영향을 주는 여러 요소들인 조명, 카메라 각도, 전체 이미지, 소품, 장소, 작품의도 등을 미리 토의하고 검토한 후 사전 모델 리허설 또는 예측이 중요하다.

특히 흑백사진이나 컬러사진등은 각각 다른 특징이 있으므로 결과물에 대비한 세심한 주의가 필요하다.

1) 포토 메이크업의 구분

(1) 컬러사진 메이크업 (Color photo make-up)

컬러사진은 최근 감광기술의 발달로 실제의 색을 거의 제대로 재현 가능한 수준까지 향상되었고 인물사진의 경우 피부톤까지도 인식이 가능하여 광고사진용 메이크업에서는 색상의 선택은 물론 베이스 메이크업까지도 관심을 기울여야 한다. 그리고 사진을 찍을 때는 많은 스포트라이트 때문에 평소보다 많이 분비되는 땀이나 유분기로 인하여 반사되는 것을 방지하기 위해 파우더 처리에 세심한 주의가 필요하다.

(2) 흑백사진 메이크업 (Mono photo make-up)

흑백사진은 예술사진이나 클래식한 분위기를 연출하기 위한 목적으로 주로 제작되는데 여기에 사용되는 메이크업은 색감의 선택보다는 피사체의 형태를 뚜렷하게 표현하는데 중점을 두어야 한다. 특히 흑백사진 메이크업에서 절대적으로 주의할 점은 펄이 들어 반사되는 아이섀도우와 유분이 많은 립그로스 사용에 주의해야 한다.

립스틱은 밝은 핑크, 산호색 계열보다는 레드계열이나 와인빛, 브라운색 등이 진한 흑백사진 메이크업에는 매우 효과적이다.

흑백사진에서는 눈, 귀, 코 등 얼굴의 세부요소가 좁고 작게 나타날 가능성이 많으므로 눈은 액센트를 부여하여 크게 보이도록 만들어 주고 입술 윤곽은 또렷하게 그려주되 진하지 않게 하여야 한다. 또한 사진의 연출 목적에 따라 해당 부위의 메이크업을 진하게 실시한 경우에는 사진 촬영시 사진작가에게 이 점을 미리 알려 해당 부위의 조명을 밝게 처리하여야 한다.

Vigevano 광고사진중

2) 메이크업의 실제

(1) 컬러광고 사진메이크업 (Color C.F make-up)의 실제

광고 사진의 대부분에 활용되며, 응용범위도 넓고 다양하다.
패션, 액세서리, 가전제품 등 창작성이 많은 광고 사진용으로 많이 쓰인다.
때, 장소, 상황에 따라서 다양한 작품표현을 한다.

① **피부표현**(Base Make-up)

메이크업 베이스는 피부톤에 따라 소량을 발라주고, 밝은 조명으로 인하여 한 톤정도 밝게 보이므로 조명을 감안하여 약간 어둡게 표현하고 장시간 뜨거운 조명앞에서 촬영해야 하는 점을 감안해서 커버력과 지속력이 우수한 스틱 파운데이션이나 팬케익 제품을 사용하여 배경색이나 이미지 설정에 알맞는 피부색을 찾는데 중점을 두며 쉐딩(Shading)과 하이라이트(Highlight)를 섬세하게 표현해 준다.

② **눈썹**(Eye Brow)

광고의 이미지에 맞는 형을 선택하여 눈썹 브러쉬를 이용하여 눈썹결을 섬세하게 살려 주며, 인위적이고 선적인 느낌보다 면적인 느낌이 되도록 그라데이션하여 그려준다.

③ **눈**(Eye Make-up)

아이섀도우는 모델의 의상색을 감안하여 색상을 고려하여야 하며 주로 밝은 계열의 파스텔톤으로 아이홀을 향해 그라데이션을 시키며 포인트는 선명한 눈매를 위하여 다크 브라운이나 다크 그레이로 강한 포인트를 넣어준다.

④ **입술**(Lip Make-up)

립스틱을 바를 때 번짐이 적은 립라이너를 사용하여 원하는 입술형태를 그리고 섀도우색과 톤을 고려해서 색을 선택하여 립스틱을 곰꼼히 바른다음 입술의 밀착성을 높이기 위해 티슈 또는 파우더로 매트하게 해준 다음 립코트를 덧발라 립스틱의 지속력을 증대시킨다.

⑤ **볼**(Cheek Make-up)

파우더를 충분히 이용하여 정리한 다음 얼굴형과 조화를 고려하여 색상을 선택하고 입체감을 살려 섬세하게 표현해준다.

(2) 흑백광고 사진메이크업(Mono C. F make-up) 실제

예술작품 또는 광고용 사진에서 자주 사용되는 메이크업이다.
사진상으로는 거의 메이크업 실시 여부를 인식하기 어려운 정도이다. 따라서 사진을 어둡고 진하게 보이게 하는 붉은색과 진갈색을 사용할 때는 주의를 요한다.

① **피부표현**(Base Make-up)

얼굴 윤곽을 강조하기 위하여 피부색과 동일하거나 약간 밝은 파운데이션을 사용한다. 분홍빛 파운데이션은 피부를 탁하게 보이게 하므로 사용을 금한다.

얼굴의 윤곽 수정이 필요한 경우는 쉐딩을 사용하지만 너무 짙은 색의 쉐딩은 사진에 검게 표현되므로 유의해야 할 부분이며 충분량의 파우더를 발라서 유분기 제거에 더욱 주의하여 촬영시 반사에 유의하고 메이크업의 지속력을 높인다.

② **눈**(Eye Make-up)

파스텔 브라운을 이용하여 노즈섀도우와 함께 눈두덩이 전체에 펴 바르며 내츄럴 그레이로 아이홀 부분을 쓸어 주고 다크 그레이로 포인트를 주어 명암을 준다.

아이라인을 그리고 마스카라를 이용하여 풍성한 속눈썹을 붙여 깔끔하게 정리한다.

③ **입술**(Lip Make-up)

립스틱은 다크 브라운 또는 다크 로즈색이 흑백사진으로 보아 선명하고 짙은 계열의 립스틱이고, 밝은 오렌지 계열은 옅은 색으로 나타내며 볼륨감을 주기 위해서는 입술 안쪽에 밝은 펄을 발라 줌으로써 입체감을 준다.

④ **볼**(Cheek Make-up)

광대뼈 밑을 쉐딩하여 세련된 이미지를 연출하고 페이스라인 부분을 섬세하게 처리한다.

5. 웨딩 메이크업(Wedding Make-up)

성인 남녀가 부부임을 알리는 신성한 의식인 결혼식을 위한 메이크업으로 신부와 신랑의 얼굴형과 이미지에 부합되는 분위기와 예식장소, 시간 등을 고려하여 연출해야 한다. 혈색이 느껴지는 피부톤에 성숙함과 우아함을 연출하고 드레스 디자인과 신랑, 신부의 조화된 분위기가 적절히 연출되어 효과적으로 표현되어야 한다.

1) 신부 M / UP

① **피부표현**(Base Make-up)

잡티 커버, 윤곽수정, 화장의 지속시간을 고려하여 피부표현은 혈색이 느껴지도록 화사하게 표현한다.

② **눈썹** (Eye Brow)

신부의 얼굴형에 맞게 그려주되 눈썹산에서 눈썹꼬리가 짧지 않도록 한다. 또한 눈썹산이 지나치게 높다든지 진하지 않도록 주의한다.

③ **눈** (Eye Make-up)

• Eye shadow :

신부의 이미지를 고려하여 부드럽게 조화되는 섀도우 색상을 선택하여 여러번에 걸쳐 덧발라 표현해 주는 것이 중요하다.

• Eye line

최대한 가늘고 부드럽게 그려주되 눈형태를 고려한다. 이때 언더라인은 펜슬타입으로 표현하고 섀도우로 처리한다.

• **속눈썹**

신부의 속눈썹(길이, 숱의 정도) 상태를 고려하여 인조 속눈썹을 붙이거나 심어준다. 이때 본래의 속눈썹과 인조 속눈썹이 일치되어 어색하지 않도록 한다.

④ **입술** (Lip Make-up)

입술형태를 고려하여 입술선은 여성스러움과 부드러움이 표현되게 그려주고 깔끔하게 표현한다.

⑤ **볼** (Cheek Make-up)

얼굴 전체에 가볍게 쉐딩한 후 볼부분은 은은하게 표현한다.

2) 신랑 M / UP

신랑 메이크업의 목적은 화사한 분위기 창출을 위한 신부 메이크업과는 달리 얼굴의 윤곽을 선명하게 하고 피부의 결점을 감추는 데 있으므로 컬러의 선택보다는 기초 피부관리 및 베이스 메이크업이 더욱 중요하다.
왜냐하면 신랑 메이크업의 핵심은 피부톤의 조정에 있고 이는 베이스 메이크업을 통하여 실현되기 때문이다.

① **피부표현** (Base Make-up)

모델 색상에 따라 어두운 피부와 밝은 피부를 고려하여 아주 자연스러운 느낌으로 처리하고 피부 커버력이 높은 액체형 파운데이션 중에서 피부색과 동일한 색조를 선택하여 얼굴 전체에 고루 발라주되 파운데이션을 사용한 것이 눈에 띄지 않도록 귀, 손, 목 안쪽에 이르기까지 고루 발라 주어야 한다.

② **눈썹** (Eye Brow)

모델의 눈썹숱이 적은 경우 펜슬로 한올 한올 심듯이 그려주거나 눈매가 선명하도록만 처리한다. 또는 섀도우로 처리하되 자연스럽게 표현한다.

③ **눈** (Eye Make-up)

섀도우는 브라운계열로 눈매를 섬세하고 자연스럽게 연출한다.

④ **입술**(Lip Make-up)

입술선이 흐린 경우 갈색펜슬로 입술선을 잡아주고 면봉으로 라인을 자연스럽게 펴준다. 입술 중앙은 립그로스로 정리한다.

⑤ **볼** (Cheek Make-up)

브라운계열로 윤곽을 가볍게 표현해 준다.

Ⅶ. 응용메이크업의 포토폴리오

1. 쇼 Make-up
2. 웨딩 Make-up
3. 무용수 Make-up
4. 연주회 Make-up
5. 레져 Make-up
6. 직장인 Make-up
7. 라이프 Make-up
8. 스페샬 Make-up

THE PHOTOPOLRIO OF MAKE-UP

영남일보 '한명숙의 이미지테마기행' 중

응용메이크업과 포토폴리오

지금까지는 얼굴의 특징을 파악하고, 이를 어떻게 메이크업으로 표현할 것인가에 대해서 알아 보았다. 그러나 이러한 메이크업 방식은 일반적인 원칙이며 이를 모든 상황에 공통적으로 적용하는데는 어려움이 따른다.

왜냐하면 메이크업의 목적이 모델의 특징을 적절히 변화시켜 부여된 환경에 적합한 연출이 필요하기 때문에 메이크업이 효과적으로 이루어지기 위해서는 표준적 메이크업 방식을 시간, 장소, 주제에 따라 다양하게 응용하여 디자인하여야 한다.

이에 따라 본 장에서는 메이크업 디자이너가 가장 흔하게 직면하는 메이크업 상황을 포트폴리오로 작업하여 실전에 대비할 수 있도록 제시하였다.

포트폴리오는 메이크업 디자이너가 자신들의 작업을 평가하거나 작품의도와 결과를 분석함에 있어서 꼭 필요한 작업으로 이를 활용함으로써 폭넓고 다양한 작업들을 시도할 수 있다.

장용남(25) 프로모델

- 이미지와 무대환경을 고려한 소품구상
- 펄을 가미한 희고 밝은 피부표현
- 아이홀과 언더라인을 강조한 눈화장
- 그레이계열의 강한 볼화장
- 크게 강조된 이미지를 고려한 입술화장

최 리(28) 프로모델

- 무대환경과 작품 이미지를 고려한 도안구상
- 차갑고 흰 피부표현
- 눈을 중심으로 장식한 환타스틱한 문양
- 퍼플계열의 강조된 볼화장
- 입술외곽을 과장한 진한 입술

Wedding Make-up Ⅰ

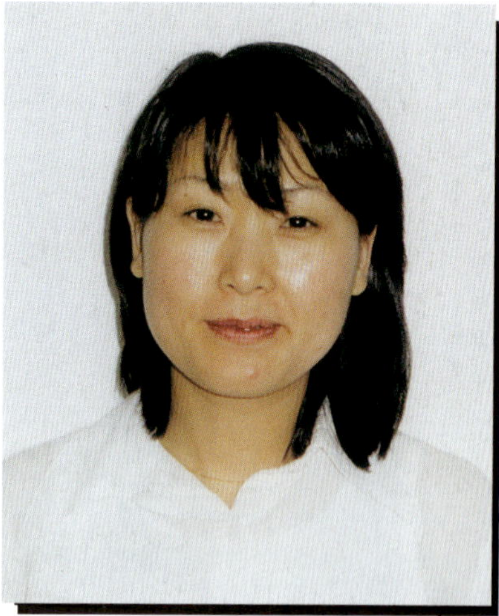

김정애(28)

- 밝고 화사한 피부표현
- 곡선진 화살형의 눈썹
- 처진 눈꼬리를 올려 포인트를 준 눈화장
- 부드럽게 음영처리된 볼화장
- 밝은 계열의 선명한 입술

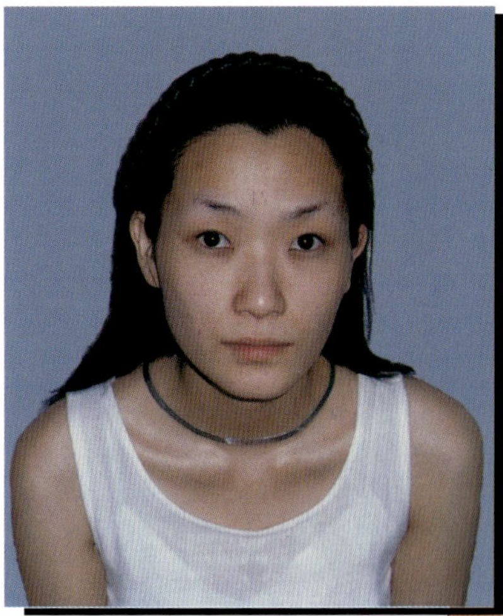

박진영(25)

- 희고 밝은 피부표현
- 가늘고 곡선진 눈썹
- 소품과 조화된 레드와 그린계열의 눈화장
- 은은하고 부드러운 핑크계열 볼화장
- 곡선지고 선명한 붉은 입술화장

무용수Make-up Ⅰ

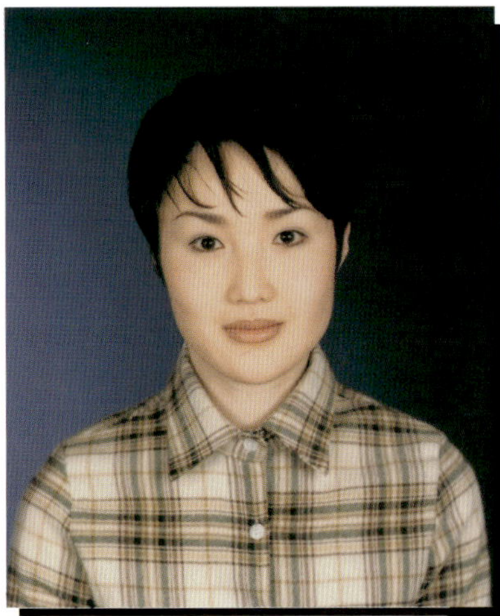

이순영(24) 시립무용단원

- 작품이미지와 무대환경을 고려한 작품구상
- 밝고 흰 피부표현
- 작품 이미지에 따른 문양을 이용한 눈화장
- 윤곽을 강조한 뚜렷한 코선
- 강조된 입술라인
- 무대의상과 조화된 펄사용

무용수 Make-up II

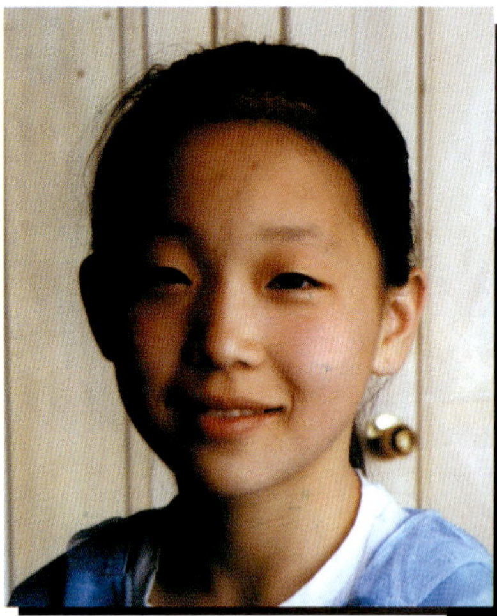

방아람(14) 여중2년

- 입체감을 고려한 밝고 흰 피부표현
- 아이홀을 크고 길게 연장한 눈 화장
- 과감한 윤곽표현을 한 노우즈 섀도우
- 크고 곡선진 입술
- 소품과 조화된 헤어업스타일

Concert Make-up Ⅰ

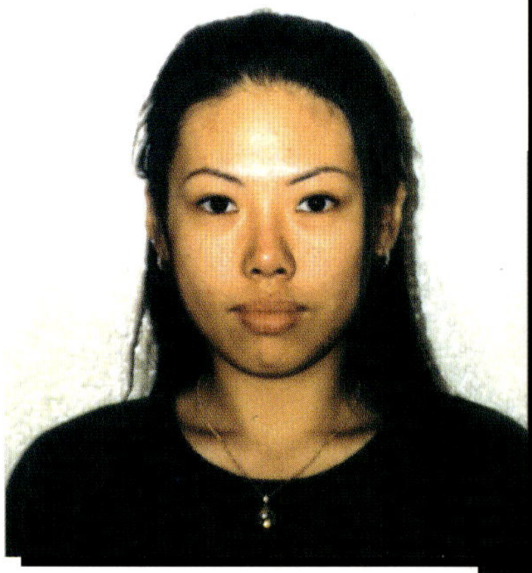

서민지(21) 음대 3년

첼리스터

- 밝고 흰 피부 표현
- 블루계열의 섀도우와 크고 또렷한 인조 속눈썹
- 큰 무대를 고려한 볼주위의 페인팅
- 선명한 레드계열의 입술화장
- 굵은 웨이브의 클래식한 헤어스타일

Concert Make-up Ⅱ

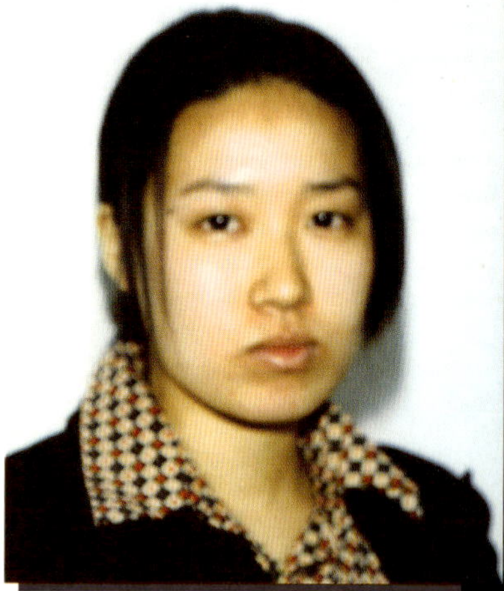

김경민(20) 음악학부1년

- 화사하고 한 톤 밝은 피부표현
- 눈꼬리를 올려 뚜렷하고 선명하게 처리한 눈화장
- 광대뼈를 강조한 레드계열의 볼화장
- 곡선진 깔끔한 붉은 입술화장
- 자연스럽게 올린 헤어스타일

Leisure Make-up Ⅰ

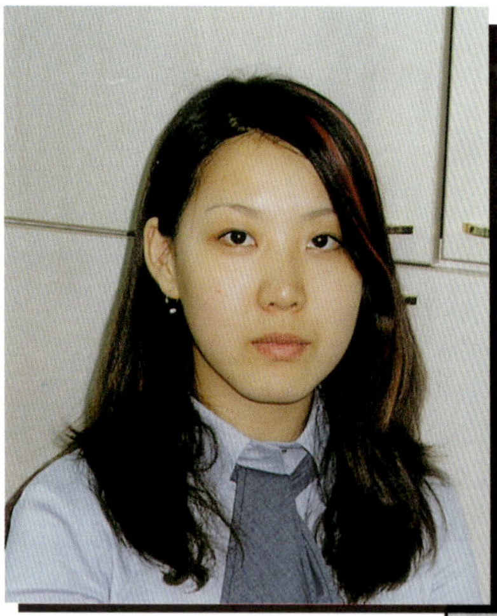

손혜은(22) 음악학부 3년

- 자외선방지를 위한 특수 파운데이션 사용
- 브라운계열의 차분한 피부표현
- 화이트와 블루계열의 화장
- 가벼운 음영처리의 볼화장
- 누드핑크계열의 자연스러운 입술

Leisure Make-up II

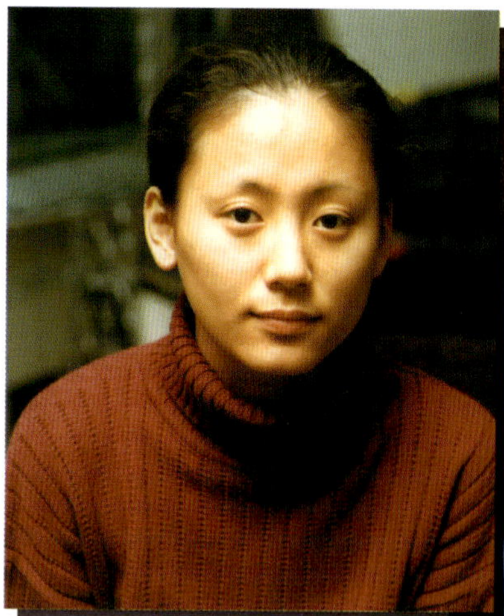

정현숙(22) 학생

- 눈의 반사에 의한 자외선영향을 고려한 베이지계열의 피부표현
- 액센트를 부여하기 위한 부분페인팅
- 방수용, 마스카라를 사용한 아이홀이 강조된 눈화장
- 밝고 광택이 있는 그로시한 입술화장
- 이마를 드러낸 헤어스타일

직장인 메이크업 Ⅰ

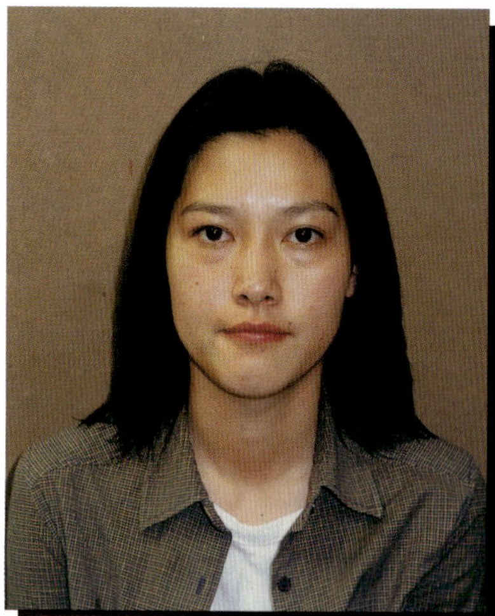

하주희(22)간호과 3년

- 베이지계열의 차분한 피부표현
- 섬세한 브라운계열의 섀도우
- 진하지 않은 자연스러운 볼화장
- 곡선지고 깨끗한 입술라인
- 깔끔하게 쪽진 헤어스타일

직장인 메이크업 II

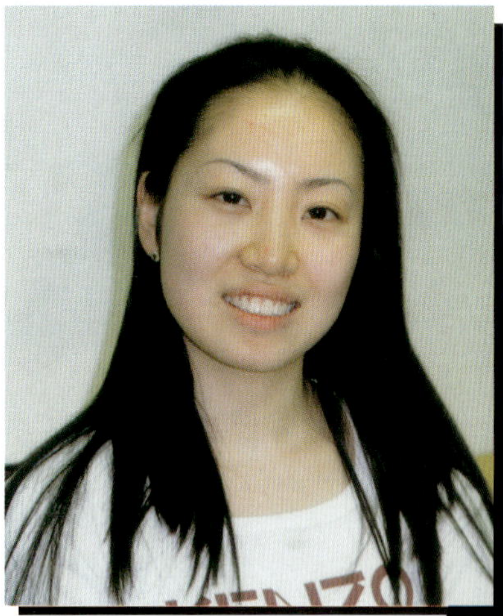

신정민(24) 아시아나항공 근무

- 차분한 베이지 계열의 피부표현
- 부드러운 화살형의 눈썹
- 브라운계열의 깊이감을 주는 섀도우
- 섬세한 음영의 브라운계열의 볼화장
- 선명한 레드계열의 곡선진 입술
- 깨끗하게 이마를 드러낸 쪽진 머리

Life Make-up Ⅰ

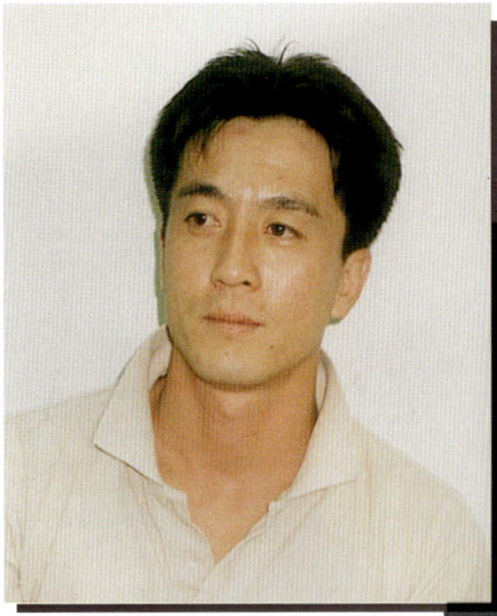

이종화(27)

- 베이지계열의 차분하고 가벼운 피부표현
- 처지지 않고 선명한 눈썹
- 브라운계열의 눈매를 수정한 아이섀도우
- 자연스러운 입술라인과 브라운 계열의 입술화장

Life Make-up Ⅱ

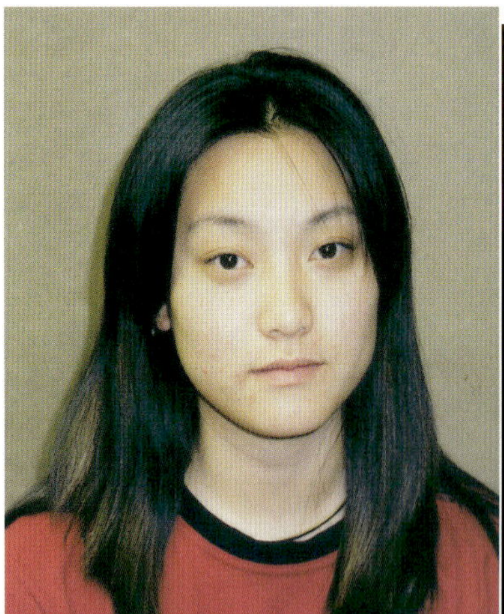

서효빈(21) 체육학과 2년

- 투명하고 밝은 베이지계열의 피부표현
- 라이트 핑크컬러로 그라데이션한 섀도우
- 둥글게 광대뼈를 강조한 볼화장
- 섬세한 음영으로 윤곽처리한 얼굴형
- 글로시한 인디언핑크의 입술

Life Make-up Ⅲ

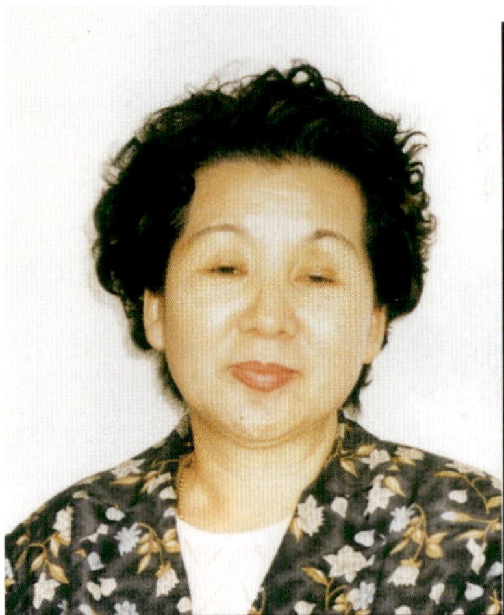

정애숙(55) 주부

- 밝고 화사한 피부표현
- 부드럽게 곡선진 눈썹
- 핑크계열의 가벼운 섀도우
- 둥근 느낌의 밝은 볼화장
- 레드계열의 깨끗하고 자연스러운 입술

Special Make-up Ⅰ

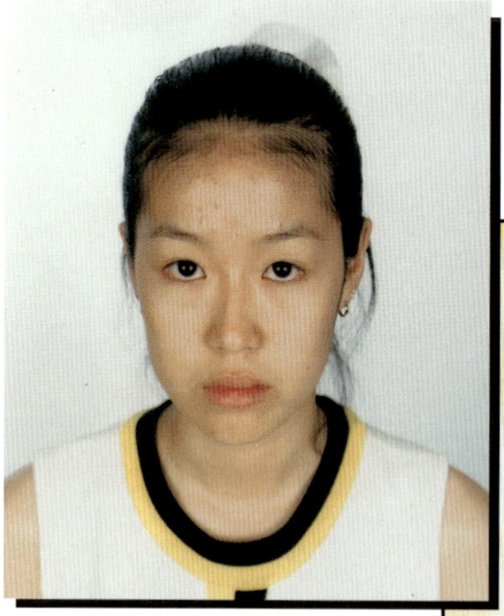

배미리(18) 생활과학부1년

과 일 나 라

- 작품 주제설정에 따른 소품구상
- 배경색을 고려한 밝고 화사한 피부톤
- 소품색과 조화된 그린, 레드계열 섀도우
- 레드계열의 둥근 볼화장
- 강렬한 레드계열의 강조된 입술화장

강숙경외 4명

Special Make-up III

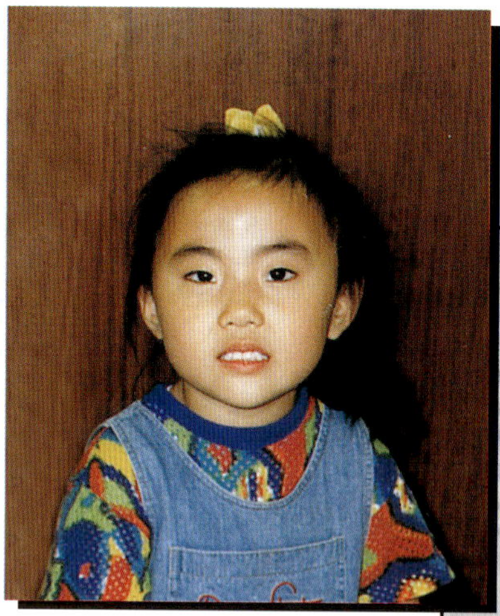

권하나(6) 유치원생

- 작품소품과 조화된 페인팅 도안
- 밝고 흰 피부표현
- 눈을 중심으로 채색한 얼굴
- 깨끗한 레드계열의 선명한 입술
- 페인팅과 조화된 색상의 헤어스타일

Special Make-up IV

이주현(22)

- 작업이미지에 따른 소품구상
- 베이지계열의 차분한 피부표현
- 일자형 눈썹
- 진하게 강조된 아이라인과 섀도우
- 누드계열의 각진 입술
- 여러 가닥으로 땋은 헤어 스타일

Ⅷ. 시대에 따른 메이크업 의 실제

1. 20세기 초

2. 1930년대

3. 1940년대

4. 1950년대

5. 1960년대

6. 1970년대

7. 1980년대

8. 1990년대

THE AGE OF MAKE-UP

1. 20세기 초(1900~1920)

20세기 초는 19세기 동안 지배적이었던 안한듯한 자연스러운 화장이 계속되었다. 희고 투명한 피부에 대한 선호로 이를 위한 크림이나 로션을 많이 사용하였고 다듬지 않은 자연스러운 눈썹을 지녔으며 입술과 뺨에 루즈를 사용하거나 뚜렷한 화장을 하는 것은 행실이 부도덕한 여성으로 간주되었다.

이러한 경향은 1920년대로 들어가면서 점차 변하였다. 1909년 러시아 발레단의 파리공연으로 오리엔탈 붐이 일어나 동양적인 신비스럽고 강한 색조가 인기를 끌게 되자 화장의 색조도 풍부해지기 시작하였다.

밝은 색이 인기를 끌게 되어 핑크와 붉은 입술화장이 등장했으며 속눈썹을 위로 말아 올리고 눈썹을 검게 칠하는 새로운 기법의 눈화장이 터키, 아라비아 등 중동지역의 영향으로 유행하였다.

또한 눈을 옆으로 길어 보이게 하는 아이라인, 눈썹과 눈 사이에 황색분이나 강렬한 색을 바르는 동양적인 분위기의 눈화장 등은 패션을 의식하는 선도적인 여성들에 의해서만 일부 시도되었다.

1차대전 후의 서구는 정치, 경제, 문화적으로 현저한 변화를 겪으면서 현대의 특성을 지니게 되었다. 1920년대를 '분별없는 20년대(the reckless twenties)' 혹은 '광란의 20년대(the raging twenties)', '들뜬 20년대(the gay twenties)'로 특징지을 만큼 이 시대에는 젊고 새로운 것들에 대한 강조와 이의 과시가 두드러지게 나타났다.

전쟁동안 약간의 분칠과 속눈썹을 강조하던 정도에서 전쟁이 끝날 무렵에는 화장한 여성들의 얼굴이 조금씩 눈에 띄기 시작하였다.

20년대 중반 경에 이르러 유행을 쫓아 앞서가는 여성들에 의해 자유로이 화장품이 사용되어 얼굴에 파우더를 바르고 눈가에 검정색의 라인을 그렸으며 눈꺼풀에도 검정 음영을 주었다.

눈썹을 가늘게 다듬거나 연필로 정교하게 그렸는데 이러한 눈썹은 이전까지의 자연스러운 얼굴에서 가장 두드러진 변화로서 화장한 얼굴을 더욱 낯설고 눈에 띄어 보이게 하였다.

입술을 아주 선명하고 반짝이는 붉은 색으로 진하게 강조하였는데, 이를 가리켜 '큐핏의 활(cupid's bow)', '장미봉오리(rosebud)', 벌에 쏘인 듯한 뽀로통한 입(divine bee-strung lips)등으로 칭하였다.

당시 새롭게 등장한 여성들에 의해 먼저 주도되었다. '플래퍼(flapper)' 혹은 '가르손느(a la garconne)'라는 명칭을 가진 이들은 20년대의 새로운 삶에 대한 흥분과 자유, 생명력을 대변하였다.

미국사회에서는 새로운 부와 명성으로 일반에게 유명해진 헐리웃 영화스타들의 영향은 대단하였다. 일반 대중들의 선망의 대상이었던 스타들의 화장형태와 의상, 심지어는 행동이나 태도까지도 추종되고 모방되었다.

Clara Bow, Gloria Swanson 등은 20년대의 이상적 여성으로 대표되는 영화스타였다. 20년대의 영화 속에서 여성들은 짧은 단발머리(the Bob hair)형태와 선명한 화장을 하고 낮에는 점원이나 생산직 노동자로 밤에는 파티와 댄스 혹은 모험을 즐기며 자유연애, 흡연, 칵테일 등을 거리낌없이 하는 새로운 여성의 모습으로 주로 묘사되었다.

과거의 자연스러움에서 벗어나 인위적으로 다듬거나 그린 얇은 눈썹, 또렷하고 선명하게 강조된 작은 입술화장은 우상시되는 영화배우의 영향으로 등장했다.

1920년 클라라 보우(Clara Bow) 메이크업 차트

- 맑고 창백한 얼굴
- 멀리 떨어진 가늘고 진한 눈썹
- 짧은 코
- 크고 검게 화장한 게슴츠레한 눈
- 길게 빼서 섹시한 느낌과 강조된 속눈썹
- 둥글고 볼륨있게 곡선 진 빨간 입술
- 광대뼈가 나와 보이도록 강하게 강조된 뺨
- 헝클어진 곱슬머리

2. 1930년대

30년대의 화장은 20년대와는 다르게 변화된 새로운 이미지의 여성을 선호하였으며 과거보다 더 진하고 숙련된 기술로서 성숙한 분위기를 연출하였다. 파운데이션으로 완벽하게 덮은 얼굴에 눈의 윤곽선은 선명하고 더욱 기교적으로 그렸으며 크게 그려진 입술이 얼굴의 강조점이 되었다.

30년대의 여성들은 누구나 화장품을 사용하고 세부기술을 배워 스타들의 이상적인 모습을 모방하고 추종하였다. 당시 불황이라는 시대적 상황에도 불구하고 여성들은 화장을 비롯하여 세련된 치장에 대한 관심과 선호가 계속되었는데 이는 불확실하고 어두운 현실에서 벗어나 도피하고자 했던 당시의 사회적 분위기를 반영하는 것 이었다.

경제적 침체라는 어두운 현실에서 도피적인 태도를 보이는 낙천주의가 확대되면서 영화는 아주 중요한 대중문화였으며 사회적인 인식과 가치형성에 커다란 영향을 주었다. 헐리웃의 영화 산업은 이제 신화를 만들어 내고 창조하는 거대한 산업으로서 스타들은 전세계적인 아름다움의 기준으로 인식되었고 그 어떤 시기에도 이보다 더 많은 사람들에 의해 동시에 숭배되어진 적이 없었다.

30년대에는 각이 진 어깨와 얼굴, 크게 강조된 눈과 입, 어깨 길이까지 잘 정돈된 헤어스타일이 유행하였다.

특히 Greta Garbo의 신비스러우면서 이국적이고도 냉소적인 모습은 30년대를 대표했던 스타로서 20년대의 Clara Bow를 대신하여 새로운 미와 행동의 기준이 되었다. 이는 그 당시의 암울한 경제적 배경과 시대 상황에 대한 사람들의 불안 심리에 의해 보다 더 성숙하고 진지한 것에 대한 열망이 반영된 것이다. 다른 여배우들과 일반 여성들의 이상형이 되었던 가늘고 매우 곡선적으로 그린 아치형의 눈썹과 실제보다 두껍게 강조한 멜론 립스(melon lips) 형태의 입술화장은 그녀의 헤어스타일과 의상과 함께 모방되어졌고 심지어는 걸음걸이까지 비슷하게 하려는 유행이 일었다.

Greta Garbo나 Marlene Dietrich 등으로 대표되었던 신비한 여성의 유형이 현실을 잊게 해 주었다면 또 다른 뇌쇄적인 금발미녀들 Jean Harlow, Mae West 등은 여성의 에로틱한 면을 강조하는 새로운 이미지로 부각되었다.

이러한 매혹적인 여성들을 묘사하기 위한 '글래머러스(glamourous)'란 말이 사용되기 시작하였다. 먼저 얼굴 전체에 파운데이션(foundation)을 바르고 턱을 좁게 하는 어두운 색상의 파운데이션을 바른 뒤 눈을 움푹 들어가 보이도록 아이섀도우(eye shadows)를 펴 바른다. 가늘고 정교하게 눈썹을 그리고 부드러운 솔로 얼굴에 남아 있는 파우더(powder)와 볼연지를 부드럽게 털어낸 뒤 속눈썹을 마스카라(mascara)로 검게 하고 인조눈썹을 덧붙여 강조한다. 마지막으로 입술은 연필을 이용하여 크고 선명하게 그리고 립스틱(lipstick)이나 립루즈(lip rouge)로 안을 칠한다. 이와 같은 구체적인 세세한 화장술을 통해 스타들의 매력은 아주 효과적으로 모방되었다.

따라서 이 시기 대부분의 여성들은 모두 검정 혹은 푸른색의 마스카라로 화장한 신비한 눈매, Joan Crawford의 나비형태의 뚜렷한 입술과 확대 거울을 이용하여 훤하게 뽑고 정교하게 그린 눈썹을 모방하였다. 이러한 인위적인 눈썹은 한쪽을 다듬는데 거의 1시간이 걸렸고 30년대 중반부터 머리색에 변화를 주기 위한 헤어락카와 헤어브리치가 본격화되기 시작하면서 미국 영화스타인 Jean Harlow의 흐린 금발을 가리키는 백금색(platinum blonde)으로 염색하는 것이 매우 유행하였다.

30년대의 여성의 이상적 유형이 경제적 불황과 침체의 어두운 현실에 의해 진지하고 성인다운 세련됨이 강조되자 화장도 성숙하고 신비한 분위기가 획일적으로 모방되었다.

1930년대 그레타 가르보(Greta Grabo) 메이크업 차트

- 밝고 흰 피부
- 높고 가는 활모양의 눈썹
- 눈 가장자리에서 밖으로 뻗은 아이라인
- 이마 및 눈주위뼈와 광대뼈 강조
- 붉은색 계열로 윗입술은 얇고 입술 양끝은 입술보다 더 늘려서 표현
- 긴 인조 속눈썹
- 볼터치는 볼뼈 밑으로 갈색톤으로 강하게 표현

3. 1940년대

1930년대의 경기침체에서 조금씩 벗어나려 할 때 유럽에서는 다시 제 2차 세계대전이 발발하였고 산업전선에서 일하는 여성들은 전시의 궁핍한 생활 속에서 40년대 전반에는 유럽보다 헐리웃 스타들과 미국여성들의 세련된 화장이 주목을 받았다.

전쟁 중인 유럽과는 대조적으로 미국은 화장과 매혹적인 머리스타일과 세련된 의복 등 패션의 중심지였으며, 특히 뉴욕은 새로운 국제적 패션도시가 되어 미국여성들이 당시 세계적으로 가장 잘 치장하는 여성들로 부러움을 받았다.

2차대전을 치르면서 유능하고 성숙해야 한다는 가치성향이 더욱 자극되어 가르보의 깊고 음울한 눈매와 가는 눈썹, 신비한 미소대신 군수품 공장의 힘든 노동에 걸맞는 강한 얼굴이 새롭게 등장하였고 복식도 군복의 영향을 받아 패드를 넣어 각진 어깨를 가진 X자형과 남성적인 슈트가 이상적으로 받아 들여졌다.

크게 그린 입술과 힘차게 그려진 두꺼운 눈썹이 직장 여성의 얼굴에 자리잡았으며 Joan Crawford와 Katharine Hepburn과 같은 영화스타들이 이러한 강인한 이미지를 대표하였다. 특히 Joan Crawford' s lips이라는 나비모양의 직선적이며 뚜렷한 입매가 크게 모방되었다.

화장은 이전보다 더 두꺼워졌다. 영화의 분장용으로 개발된 완벽하게 피부를 덮어주는 pan-cake을 사용하여 피부표면에 부드러운 바탕색을 만든 뒤 파우더로 덮고 자연스러우면서도 선명한 눈화장과 풍만하고 진하게 강조된 입이 초점이었다.

특히 선명하고 반짝이는 빨간 입술과 이에 어울리는 빨간색의 손톱과 발톱을 매치 하는 것이 당시 유행하는 화장법이었다. 또한 금발이나 붉은 머리 색상이 유행함에 따라 두드러지게 염색을 하였다.

이러한 화장경향은 전쟁 중에 등장한 핀업걸(Pin-up girl)과 함께 성적 매력이 강조된 Veronica Lake, Rita Hayworth, Betty Grable 등과 같은 배우들에 의해 더욱 확대되었다.

한편 컬러필름의 등장으로 영화속에서의 화장 및 의상에 한층 주의를 기울이게 되면서 화장품 산업이 더욱 발전하는 계기가 되었다. 그 결과 가늘지만 뚜렷한 표현이 가능한 눈썹용 펜슬이 고안되었으며 광택있는 입술 등 더욱 다양하고 풍부한 색조화장을 하게 되었다.

2차 대전의 발발과 함께 성적 여신(sex gaddess)이란 말로 표현되는 육체적으로 관능적인 외모가 40년대의 이상적인 모습이었다.

화장도 가늘고 신비스러운 긴 눈썹 대신 두껍고 또렷하게 곡선적인 형태를 띄는 눈썹 등 관능적이면서 생동감 있는 표현형태가 지배적으로 나타났다.

40

1940년대 리타 헤이워드(Rita Hayworth) 메이크업 차트

- 네모난 얼굴 강조된 턱선
- 밝은 핑크톤의 건강한 피부표현
- 두터워지기 시작한 눈썹
- 두툼하고 큰 윗입술, 넓은 입술산
- 과장된 인조 속눈썹
- 눈꼬리 부분을 치켜 올려 강조한 눈

4. 1950년대

전후 화장품 산업의 성장으로 헬레나 루빈스타인(Helena Rubinstein), 갈라(Gala), 엘리자베스 아덴(Elizabeth Arden)과 레블론(Revlon)같은 회사들이 다양한 신상품을 출시했다.

1950년대에는 피부 표현, 눈화장, 입술화장등, 각 부위는 서로 조화가 이루어지고 깨끗한 화장으로 어느 특정 부위의 강조가 아닌 모두 동등한 비중으로 표현되었다. 눈썹은 가다듬은 후, 다시 연필로 섬세하게 그려졌고 속눈썹은 마스카라로 더 길게 되었는데, 마스카라의 형태는 작은 사각형 상자 안에 든 것을 붓으로 문지르기 전에 침을 뱉는 방식이었다, 속눈썹과 아이섀도우의 등장, 진홍색 립스틱은 완벽한 마무리를 위한 윤곽선용 크레용으로 더욱 섬세하고 선명한 붉은 색이 되었다.

순정적이며 모성애적 여성상을 나타낸 대표적인 여배우는 산드라디(Sandra dee), 도리스 데이(Doris day) 등이 있고, 오드리 헵번(Audrey Hepburn)은 요정 같은 우아함으로 인정을 받았다. 오드리 헵번은 '로마의 휴일' 이라는 영화에서 아이라인의 눈꼬리를 두껍게 하면서 꼬리를 약간 올리고, 눈썹은 두껍게, 피부는 하얗게, 입술은 붉게, 볼 터치는 핑크색 계통으로 하면서 짧게 커트하여 여성스러움과 발랄함을 강조했다.

50

오드리 헵번과 상반된 이미지인 마릴린 먼로(Marilyn monro)가 있는데 그녀는 풍만한 신체와 특이한 걸음걸이, 불안정한 목소리, 밝은 금발, 특유의 메이크업으로 성적 매력을 한껏 과시했다. 빨간색으로 강조된 윤기 있는 입술은 당시 여성들의 선망의 대상으로 유행하였다. 먼로의 아이섀도우에는 강한 색을 사용하지 않았으나 아이라이너를 굵게 끝을 올려 인조속눈썹을 붙인 다음 마스카라를 많이 칠했으며 눈썹은 두껍고 각이 지게 그렸다. 입술은 붉은색을 사용해 아웃커브로 그렸는데 바세린(vaseline)으로 광택을 냈고 그녀의 윤기 있는 입술은 일반 여성들에게도 유행되었다. 1950년대까지는 계속해서 영화 스타들의 모습이나 화장이 여성의 외모에 주도적인 영향을 주는 요소였다.

Sandra Dee, Doris Day등과 같은 순진하고 소녀적인 이미지가 이전의 위협적인 관능미와 성숙한 여성의 이미지를 대치하였다. Audrey Hepburn의 요정 같은 우아함 또한 주목을 받았다. 엘리자베스 테일러(Elizabeth Taylor)와 에바 가드너(Eva Gardner)의 이국적이고도 숨은 관능적인 모습과 통통한 몸매, 소피아 로렌(Sophia Louren)의 정열적인 모습은 많은 이들에 의해 매혹적인 이상형으로 재현되었고 이들 스타들의 완벽하고 진한 화장이 전 세계적으로 모방되었다.

50년대 여성의 미는 당시 전 세계적으로 우상시되었던 영화스타들의 모습에서와 같이 남성에게 성적으로 매력을 주면서도 순종적인 미가 중요시되면서 화장도 풍만한 곡선을 강조한 눈썹과 관능적인 눈 화장과 선정적으로 붉은 입술 등의 표현 형태가 주도적이었다.

1950년대 마릴린 먼로(Marilyn Monro)의 메이크업 차트

- 밝은 색의 피부톤에 인위적인 얼굴 윤곽 강조
- 두껍고 진한 눈썹
- 강조된 속눈썹과 긴 아이라이너
- 선정적인 빨강색 입술
- 아이홀에 살구빛 살색을 바르고 중앙에 밝은색으로 하이라이트를 준 눈
- 입가의 애교점

5. 1960년대

화장을 둘러 싼 전반적인 문화도 50년대까지는 이상적인 여성미를 기준으로 획일적으로 모방되었으나 60년대 이후부터는 미에 대한 기존의 가치개념에 변화가 이루어지면서 화장은 사회 구성원에 따라 다양하게 등장하는 미의 표출수단으로 새롭게 전개되었다.

60년대 들어와 진한 아이라인과 인조 속눈썹 등으로 강조한 눈과 엷은 입술화장으로 어린아이와 같은 무력함을 표현하였다. 60년대 중반으로 갈수록 화장은 더욱 장식화 되고 극단적으로 전개되어서 대담해졌다. 분홍, 초록, 보라색으로 염색된 기하학적인 가발과 함께 유선형으로 두껍게 그린 아이라인에 흑백을 번갈아 바르고 인조 속눈썹에 마스카라를 칠해 더 인위적으로 만든 눈화장이 강조점이었다.

이러한 화장은 밝음, 대담함, 짧고 경쾌하게 노출된 신체 등 당시 패션 특징과 조화를 이루면서 더욱 실험적이고 전위적인 이미지를 형성하였다.

큰 눈과 금발머리로 눈길을 끌었던 브리짓드 바르도(Brigitte Bardot)는 60년대 여성들의 관심을 눈화장에 집중시켰다. 60년대 말에 등장한 모델 튀기(Teiggy)는 어린아이처럼 크게 강조된 눈, 거의 눈에 띄지 않게 그려진 조그마한 입과 5피트 6인치의 작은 키에 왜소한 체구의 모습에서 초연함, 고뇌, 염세, 현대인의 냉철함의 이미지를 대표하는 모델이었다.

기존의 전통적으로 아름답다는 개념과는 전혀 다른 평범하지 않는 특이함이 주목되었다.

화장품업계, 패션잡지와 미용산업은 여성들에게 그들 자신을 가꾸도록 자극함으로써 미는 이제 거대한 규모를 가진 산업이 되었다.

영화, TV, 잡지로부터의 다양한 이미지가 증가하게 되면서 사진에 찍히는 미는 단순한 효과보다 더욱 새로운 충격을 필요로 하게 되었고 이제는 디자이너와 아트 디렉트, 헤어 스타일리스트, 메이크업 아티스트, 사진작가의 총체적인 노력의 결과로 생산되는 상품이 되었다.

헤어스타일은 높고 불룩한 머리모양이 유행했으며 보이쉬(boyish), 스포티룩과 인형같은 소녀 스타일이 함께 유행을 주도 하였다.

영국의 10대 모델 튀기(Teiggy)는 헤어 디자이너인 비달 사순(Vidal Sasoon)의 짧은 컷팅으로 머리카락은 깨끗한 모양에 전체 길이가 층진 기하학적인 컷팅스타일로 주목 받았다. 그리고 꿈과 같이 환상적인 세계를 표현하는 하나의 가면과 같은 장식적인 화장이 등장하였는데 새, 동물, 나비들의 형상을 인위적이고 장식적으로 그렸다.

소녀들은 머리에 꽃을 꼽고 얼굴과 눈에 꽃을 닮은 형태의 포인트를 그려 잔잔하거나 꿈꾸는 듯한 표현을 하였다.

이는 디자이너에게 영감이 되어 상업적으로도 전개되었으며 유명 모델인 Verushka는 얼굴과 몸에 꽃무늬와 색채 추상이 그려진 모습으로 대중잡지에 등장하기도 하였다.

60

Vidal Sassoon

1960년대 튀기(Teiggy) 메이크업 차트

- 밝고 화사한 핑크톤 피부표현
- 아이라인을 강조한 아이홀 메이크업
- 속눈썹을 아래 • 위로 진하게 붙여 강조함
- 핑크톤으로 얼굴 앞쪽을 중심으로 바른 볼 터치
- 입술은 라인을 강조하면서 진주빛 펄색으로 가볍게 표현
- 사순(Sassoon) 헤어스타일

6. 1970년대

70년대는 에너지 파동으로 인한 경제 위기가 전세계에 확산되면서 불황과 부정적인 분위기가 지배하였다. 이를 '냉소적인 70년대(the cyniacl seventies)' 혹은 '불확실한 70년대(the uncertain seventies)'로 표현할 수 있다.

60년대에 극단적으로 강조하던 눈과 창백한 입술 등 실험적인 젊음을 표현하였던 화장형태는 70년대 중반으로 갈수록 얼굴전체에 풍부한 색조를 부여한 성숙한 이미지로 변하였다. 60년대의 밝고 혁신적인 시대에서 70년대는 경제침체로 이어지는 전반적인 사회 분위기 속에서 눈썹은 과거 30년대와 같이 정교하고 얇아졌으며 마스카라와 립스틱에도 상당한 주의를 기울여 입술의 외곽 선을 뚜렷하게 그리고 반짝이를 칠했다.

패션에서도 개혁적이고 개방적이며 미래지향적이었던 60년대 복식과는 대조적으로 60년대 말에는 낭만적인 민속복의 이국취미가 계속되고 과거에 대한 향수로 복고풍이 나타났다.

70년대 중반으로 갈수록 미는 60년대 환상의 창조물에서 사실의 산물, 자연스러운 모습으로 바뀌면서 개성과 다양성이 중요시되기 시작하였다.

개성적인 모습이 하나의 미로 받아들여지게 되었고 인종차별에 대한 흑인 운동으로 '검은 것이 아름답다'는 슬로건과 함께 이제까지 없었던 전문적인 흑인모델이 등장하였다. 기존의 백인을 기준으로 모방했던 직모와 하얀피부를 위한 손질, 화장에서 벗어나 그들만의 모습을 강조하였다. 흑인 고유의 헤어스타일인 afro를 민족적 자존심으로 유행하게 하여 여성해방의 상징으로 백인여성에게 확산되기도 하였다.

1970년대 파라파세트(Farrah Fawcett) 메이크업 차트

- 눈썹은 자연스러우면서 뽑아서 정리
- 아이섀도우로 언더라인 강조
- 입술은 립라이너를 사용하고 립그로스를 덧발라 그로시한 느낌을 강조

여성들은 더 이상 이러한 거짓을 벗고 자연스러워보여야 한다는 주장과 함께 이제 편안함, 자연스러움이 미의 가장 중요한 요소가 되었다. 인위적이지 않고 가까이 할 수 있는 자연스러움 그 자체의 젊고 자발적이고 활동적인 모습이 현대미의 기준이 되었다.

70년대 중반 이후에는 점차 자연스러운 눈썹형태와 많은 색상을 부여하지 않은 눈화장 및 입술화장이 이루어졌다. 1976년에 Jill Robinson은 그의 사설 'Pretty : What it means'에서 '오늘날 우리가 원하고 말하는 것은 아름다움과 예쁨(beauty and prettiness)을 넘어선 정신적인 눈부신 매력(gorgeousness)이라고 했다.

이는 계획 하에 움직이는 활동에서 나오는 것으로 일하고 활동하고 생각하며 걸어 다니는 여성에게서 느낄 수 있는 눈부신 매력이다. 이제 수동적인 자세와 전적으로 이상화되었던 고전적인 미는 사라지고 새로운 이상형인 '현대적' 여성의 이미지가 등장하였다.

70년대의 성적 여신(sex goddess of the seventies)으로 대표되는 Farrah Fawcett는 활력과 자연스러움의 매력적인 결정체였다. 그녀의 자연스러운 화장, 얼굴과 어깨에 부드러우면서도 아무렇게나 드리워진 듯한 캐주얼한 머리 모양의 건강한 캘리포니아 스타일은 자연스러운 건강미를 젊은 여성들 사이에 유행시켰다.

70년대 말에는 미래에 대한 불안과 좌절을 느낀 저소득 하층계급의 젊은이들이 반항적인 펑크(punk)라는 하류문화를 형성하였다.

이들은 기성세대에 대한 분노와 사회의 기존질서에 대한 반항과 거부를 공격적이고 불쾌감을 주는 복장과 장식 및 퇴폐적인 이미지의 파괴적이고 무질서한 화장으로 표현하였다.

펑크화장은 남녀의 구분없이 창백하게 표현한 얼굴 위에 직선적으로 굵게 그린 눈썹과 눈 주위를 강한 검정색이나 여러 가지 색으로 기하학적인 화장을 하였으며 입술도 거의 검은색에 가까운 붉은색으로 공격적이고 퇴폐적으로 표현하는 등 불쾌감을 주었다.

개의 목끈이나 안전핀, 면도기 등을 이용하여 신체에 고통을 주는 파괴적인 이미지를 조성하였으며 바지 가랑이는 사슬로 연결하고 안전핀을 귀와 심지어 코에까지 꿰맸다. 머리카락은 남미 인디언과 같이 머리위로 앞에서 뒤까지 높이 세우거나 끝을 뾰족하게 자르고 자극적인 여러 색상, 즉 밝은 분홍색이나 초록색으로 염색하거나 줄무늬와 조각효과를 주었다.

이러한 전위적인 펑크패션은 여성의 짙은 눈썹과 아이라인만으로 눈을 강조하고 짙고 어두운 색의 립스틱으로 이목구비를 강조하여 남성적인 화장을 하였고, 짧은 헤어스타일을 선호하였다.

남성은 여성과 같이 밝은 색채 화장과 화려한 장신구를 사용함으로써 한가지 성에 대한 다른 성의 요소를 각각 공유하여 성을 초월하고자 하는 유니섹스가 시도가 되었다.

80

7. 1980년대

경제부흥을 이룬 고도성장기로서 칼라가 강세를 보인 시대이다. 메이크업에 있어서는 질감을 중요시하고 투명감을 살리는데 주력했다. 칼라 마스카라가 등장하는 등 새로운 제품이 많이 개발된 시기로서 브룩쉴즈처럼 눈썹을 강하게 그렸다. 여성이 남성처럼 눈썹을 짙게 그리고 화장을 하지 않은 본래의 얼굴에 가까운 자연스런 색조화장을 함으로써 남자가 엷은 화장을 한 것 같은 느낌과 흰색이 많이 포함된 광택 없는 색조화장으로 남성도 여성도 아닌 것처럼 표현했다.

1980년대에 강한 영향을 끼친 것이 있다면 사람이 아니라 매체로 많은 스타일이 공존했다. 미국인들은 영국의 찰스 황태자의 구혼과 결혼을 지켜보고 다이애너비의 컷트가 즉시 유행하였으며 그녀의 메이크업과 의상까지 주목받았다. 또 다른 스타일의 형태로 80년대 초반은 화려함이 강조되어 다양한 칼라를 사용했으며 색 자체에 펄이 많이 들어 있었다. 화려한 디스코 댄스에 어울리는 황금, 노랑색 펄을 눈두덩이에 발랐으며 무광택의 자주, 갈색, 주홍색을 그 위에 덧발라 눈의 깊이감을 주었다. 볼터치도 펄이 들어있는 색깔을 발라서 화려한 느낌을 더했고 립스틱 색깔도 주홍, 빨강 등 강하고 짙은 색이 유행했다.

커리어 우먼, 즉 일하는 여성이 새로운 사회의 세력으로 자리 잡은 80년대의 메이크업은 전 시대에 비해 표현이 훨씬 자유로워지고 영향력 있는 아티스트들의 풍부한 상상력이 발휘된 것이 특징이다. 특히 입술의 색채를 최대한 활용하여 새로운 컬러로 입술에 포커스를 두는 메이크업이 주를 이루었다. 우리나라 역시 지금은 거의 사용하지 않는 짙은 회색에서 진한 와인 컬러까지 대담한 컬러가 여성들에게 가장 사랑을 받았던 시기이기도 하다.

80년대 중반부터는 과거에 대한 향수, 복고풍의 영향으로 옛 할리우드 스타일인 글래머에 대한 관심이 부활하여 당시 텔레비전 시리즈의 주인공이었던 존 콜린스(Joan Colins), 린다 에반스(Linda Evans) 등의 성숙미가 모든 연령층의 여성들에게 어필되었고 이와 함께 섹시하면서도 진한 메이크업이 유행하였다. 한편 대중적인 팝 스타로 우상시되었던 마돈나의 에로틱한 란제리 룩과 섹시 모드는 더욱 관능적이고 육감적인 여성을 강조하며 일반 여성의 메이크업에 영향을 주기도 하였다.

80년대 중반과 후반은 프레온 가스로 인한 오존층 파괴가 주된 사회문제로 대두되어 어느 때보다 자외선의 부작용과 피부암에 대한 관심이 높았다. 그래서 초반의 칼라에 대한 관심은 점점 퇴색하고 피부에 더욱 많은 관심을 쏟기 시작했다. 메이크업의 경향도 부드럽고 여성스러움이 강조된 내추럴 풍이 강세를 띄었으며 특히 프랑스 영화 "La boum"의 주인공인 소피 마르소의 깨끗하고 신선한 이미지가 이러한 메이크업을 하나의 유행으로 자리 잡게 했다.

1980년대 다이애너비의 메이크업 차트

- 투명한 피부표현
- 자연스럽고 긴듯한 눈썹
- 여성스러운 파스텔톤 아이섀도우
- 부드럽게 강조된 뺨
- 눈보다 포인트를 준 입술

8. 1990년~2000년초

특정한 스타일이나 하나의 표현형태가 두드러지게 강조되던 것에서 벗어나 과거로부터 모든 스타일을 자유롭게 융합하거나 받아들여 표현하는 것이 특징이 되었다. 미를 둘러싼 패션의 주된 분위기는 남성의 시각에 의한 여체의 아름다움을 왜곡하거나 과장된 여성의 힘을 표현하려는 것에서 벗어나 자유로운 감성의 인간을 표현하는 수단이 되었다.

90년대 초의 화장 경향은 30년대 Jean Harlow의 짙고 붉은 입술, 40년대 Lana Turner의 뚜렷한 눈매, Audrey Hepbern의 굵게 강조된 눈썹, Brigitte Bardot의 가짜 속눈썹과 반짝이는 분홍빛 입술 등 모든 과거의 스타일이 개인에 따라 자유롭게 선택되었다.

여성특유의 아름다움을 표현하는 로맨틱한 스타일과 자유로운 감성의 얽매이지 않는 스타일, 흐르는 듯한 유연함이 강조되었다. 환경파괴와 생태계의 보존이 심각한 문제로 제기되면서 자연으로 돌아가기 위한 자연스러운 질감과 색상에 대한 선호가 레이어드, 히피스타일, 오리엔탈리즘, 내추럴리즘 등 여러 가지 요소들이 서로 융해되어 다양하게 제시되었다. 이에 조화를 이루는 화장경향으로 색조가 엷어지고 가벼워졌으며, 과거의 히피풍을 재현하며 투명하고 거의 그리지 않아 희미하게 보이는 엷은 눈썹과 흐린 입술색이 주조를 이루어 거리의 부랑아, 방랑자 같은 분위기를 연출하였다.

여성들은 각자의 독특한 개성을 추구하는 개별화 개성화 시대에 살고 있으며 90년대 지구촌의 최대 관심사는 환경문제였다. 날로 심각하게 오염되고 있는 환경을 살리기 위해 촉각을 곤두세웠다. 이러한 환경에 대한 적극적인 관심은 90년대 초 에콜로지풍 이라는 유행을 만들어 냈고 자연색인 초록(나무), 밤색(땅), 살색을 유행색조로 부각시켰다. 메이크업의 키포인트는 내츄럴, 소프트, 라이트라는 단어로 집약되며 여성들의 의식은 딱딱한 긴장상태보다 자유롭고 여유 있는 생활을 추구하는 태도로 변모했다. 또한 5 · 60년대의 복고풍, 30년대 글래머 패션 등 신복고 유행이 다시 등장하기도 했다.

신디 크로포드(Cindy Crawford), 나오미 캠벨(Naomi Campbell), 린다 에반젤리스타(Linda Evangelista), 에스텔 할리데이(Estelle Hallyday), 특히 칼 라거펠드의 새로운 톱 모델인 클라우디아 쉬퍼(Claudia Schiffer) 등이 잡지에 등장했다.

세기말 메이크업 유행의 가장 큰 특징은 정석이 없다는 것이다. 과거로의 회귀를 꿈꾸는 레트로(retro), 화려하고 다채로운 포크로어(folklore), 미래지향적인 첨단 소재와 기능이 두드러지는 퓨처리즘(futurism) 등 이질적인 모습이 공존하고 과거와 미래가 융합되어 퓨전(Fusion)의 형태로 나타나고 있다. 다양한 실루엣의 색상과 패턴, 소재들이 자유롭게 믹스되고 조화되어 환상적인 스타일링을 연출하고 다양한 텍스처의 펄과 반투명의 글로스 제품을 사용해 미래를 낙관하는 희망적인 빛의 이미지로 밀레니엄에 대한 기대감과 열정으로 같은 시즌에 다양한 유행성이 존재하였다.

1990년대 머리형태는 개인의 독창성이 중요시 되어 다양한 스타일이 유행하였다. 헤어 컬러링이 고도로 발달하여 중요한 부분을 차지하였고, 인간의 다양한 감성을 표현하는 하나의 도구로 사용되었다. 또한 오리엔탈룩(oriental look)이 유행하면서 인도나 중국풍의 생머리나 직선적 뱅(bang)을 한 머리형태가 유행하였다. 미니멀리즘(minimallism)의 유행에 따라 과잉장식을 배제하고 머리형태도 단순한 형태가 유행하였다.

현대 여성을 상징하는 드라마틱한 메이크업과 아무것도 바르지 않은 듯한 내추럴 누드 메이크업의 양극화가 점차 두드러지는 가운데, 각자의 개성이 점점 더 다양하게 반영되었다. 90년대에는 피부 톤과 거의 유사한 투명한 핑크톤 계열과 펄과 글로시한 느낌이 가미된 입술이 전 세계적으로 보편적인 지지를 얻었다. 그리고 2000년대로 들어와선 과거의 트랜드를 현대적 감각으로 재해석하는 레트로 빈티지가 대유행이다. 시즌마다 다양한 룩이 끊임없이 제시되지만 자신만의 스타일을 개성 있게 찾아가려는 경향이 강해, 다양한 텍스처와 컬러의 제품이 출시되며 선택의 폭은 비교할 수 없을 만큼 넓어졌다. 단적인 예로 50년대 8가지 컬러로 시작했던 크리스챤 디올 립스틱의 경우, 현재 5백 가지 이상의 컬러를 선보이고 있다.

00

IX. 무 대 분 장

1. 무대분장의 목적

2. 무대분장의 분류

3. 무대분장의 실제

STAGE MAKE-UP

1. 무대분장의 목적

현대인의 생활은 연극, 무용, 오페라, 쇼 등 다양한 공연 예술을 접하고 있다.

무대예술은 그 작품의 연출자 또는 작가가 나타내고자 하는 내용이나 의미를 보다 관객에게 효과적으로 전달하기 위하여 무대장치, 의상, 분장, 세트조명과 음향 등 종합적인 구성을 통하여 하나의 예술세계로 표현한다.

전달하고자 하는 작품의 성격과 출연하는 인물의 성격에 맞는 분장이 필요함으로 각각의 연출에 적합한 구상과 시도 방법을 창출 해 내야 한다.

분장 디자이너는 연기자의 얼굴을 화가가 화폭을 대하는 것처럼 접근하여 분장을 통해 작가가 의도하는 인물로 새롭게 태어나게 하여 관객들에게 전달하는 작업으로 복잡한 디자인적 요소를 통합하여 효율적인 감동을 유발하도록 해야 한다.

디자이너의 표현방법에 따라 형태들은 강조될 수도 있고 또한 완전히 무시될 수도 있으며 이러한 과정을 통해 변형된 새로운 형태를 창조해 내는 것이다.

2. 무대분장의 분류

분장은 현대에 이르러 그 사용범위가 넓고 다양하지만 크게 나누어 무대분장과 영상분장으로 나눌 수 있다. 무대분장은 연극, 오페라, 무용 등을 들 수 있고 영상분장은 TV, 영화, 필름을 위한 분장 등을 들 수 있다.

오늘날과 같은 분장술의 발달은 대개 무대조건의 변화에 기인한다고 볼 수 있다. 초기 연극(고대 희랍극이나 전통극)에서는 주로 가면을 이용하였다. 왜냐하면 노천에서 행하여져(자연광선이 조명의 구실을 한)연극형태로서 가면이 인물의 성격을 표현하는데 가장 효과적인 방법이라 여겨졌기 때문이다.

민족이나 지역에 따라 각각 특징지어지는 가면은 현란한 색조와 세밀한 성격표현으로 극적 갈등 및 인물간의 대비를 충분히 표현해 주었다.

그러나 실내 극장조건이 발달하면서부터 가면만이 분장표현의 수단일 수는 없었다. 왜냐하면 실내극장은 자연광선의 차단과 인공광선(조명)의 투입으로 새로운 상황을 맞이하게 되었기 때문이다.

조명은 배우에게서 관객을 분리시켰고 자연광선에 비하여 훨씬 약화된 조도는 가면의 정교한 표현의 효과를 감퇴시켜 버렸다.

따라서 초기 무대분장은 짙고 두껍게 표현하여 가면같은 상태로 이루어졌으며 점차로 무대분장의 강약은 무대와 관객과의 거리에 따라 비례적으로 행하여졌다. 즉 관객은 객석에서 무대와의 거리가 떨어져 있지만 배우의 동작과 함께 안면의 표정까지 감지하고자 하는 관객의 욕구에 따라 이목구비가 선명하게 보이도록 분장하여 그 효과를 최대로 높이고자 하였다.

또한 인공조명의 점차적인 발전으로, 즉 초기엔 단순히 불을 밝히는데 이용되었던 샨데리아 형식의 조명인 개스라이트(gas-light)가 무대로 도입되었고, 그 후 1820년경 전기에 의한 강한 조명이 인물에 집사(集射)됨에 따라 배우의 안면이 평면화로 강조되었다.

인공조명에 의하여 배우와 관객과의 거리가 넓어져 감지 한계를 넘을 때 배우 얼굴은 부자연스럽게 느껴지게 된다.

이러한 새로운 조명의 집사에 의해 빚어지는 인물의 평면화를 보다 자연스럽게 표현 하고자 하는 노력에 의해 오늘날과 같은 무대장치 및 분장의 새로

결과적으로 처음 무대 분장의 짙고 두꺼운 가면 같은 상태가 꽤 오랫동안 계속 되었지만 조명 기술의 획기적 발달로 인해 인물의 선명도가 강해져 분장에 있어 더욱 사실감 있는 표현이 요구되었다.

즉 안면 분장시 너무 짙은 색조와 선들은 점점 사라지게 되고 피부의 색조나 윤곽을 만들어 내는 방법이 연구되었으며 또한 작품이 요구하는 성격표현이나 극적 갈등, 인물 대비 등에 접근하고자 하는 노력에 의해 오늘날의 다양한 분장기법이 새롭게 발전되었다.

이에 따라 무대 분장의 종류와 작품에 따라 다양한 표현 기법을 구상하기에 이르렀다. 그 예로써 무대종류에 따라 보면, 연극이나 오페라의 성격 분장은 사실적 표현기법으로 처리되며 고전무용이나 발레의 분장은 사실적이면서도 이목구비가 특히 선명하게 처리되고 있고, 현대 무용의 분장은 개성 있는 분장연출로 다양한 구상이 시도되고 있다.

분장을 성격적으로 구분하면 일반 분장과 특수 분장으로 나눌 수 있으나 아직은 특수분장의 한계가 불분명하므로 표현의 방법에 따라 무대 분장을 아래와 같이 분류한다.

· 일반 분장

보통 분장(Straight Make-up)
성격 분장(Character Make-up)

· 회화적 분장

페인팅 분장(Painting Make-up)
환타지아 분장(Fantastic Make-up)

· 입체 분장

특수 효과 분장(Special effect Make-up)
보철(補綴) 분장(Prosthetic Make-up)

보통 분장 (Straight Make-up)

1) 일반 분장

무대의 배경이나 역할에 따라 일반적인 분장 제품을 사용하여 모델의 피부나 골격을 자연스런 상태로 유지하면서 인물을 중심으로 표현하는 기법이다.

(1) 보통 분장(Straight Make-up)

일상인이 그 모습을 미화하기 위한 일반 화장과 다소 유사하나 보통 분장은 조명, 배경, 의상색 등을 고려해 피부의 자연스러운 상태를 유지하면서 무대에 적합하게 분장하는 것이다.

(2) 성격 분장(Character Make-up)

무대 연기자는 작품이 요구하는 성격을 가장 효과적인 방법으로 관객에게 전달해야 할 의무에 따라 먼저 극본을 통해 인물의 성격 파악을 한 후 시대적 배경, 환경, 연령이나 외적인 특징, 작품속에서 다른 인물과의 관계 등을 면밀히 검토하고 상대 배역이나 극 분위기, 연출자의 의견 등을 참고한다.

또한 연기자의 내외적 조건, 즉 유전(heredity)이나 종족(race), 또는 환경(environment)이나 기질(temperament), 건강(health), 연령(age) 등도 고려해서 분장을 한다.

성격분장 (Character Make-up)

페인팅 분장(Painting Make-up), Jos Brands (독일)

환타지아 분장(Fantastic Make-up)

2) 회화적 분장

안료를 중심으로, 즉 파운데이션(foundation)이나 라이닝 칼라(lining color) 등 다양한 물감을 사용하여 색의 팽창성과 진출성에 의한 착시 현상을 이용한 사실적 기법, 추상적 기법 등 다양한 회화적기법을 도입한 분장이다.

(1) 페인팅 분장(Painting Make-up)

인체를 하나의 캔버스로 보고 페인트컬러를 사용하여 변형된 것 같은 착각을 유발하는 분장으로 자유로운 표현 방식을 동원하여 나타낸 분장이다.

일반적으로 화폭에 그리는 평면적인 그림과는 달리 페인팅 분장은 인체의 곡선과 면을 최대한 활용해서 디자이너의 세계를 분장 예술의 한 장르로 인식하여 다양한 주제와 연출이 가능하다고 볼 수 있다. 그 표현 방법으로는 여러 가지 문양, 추상적 화법, 사실적 묘사, 의상 등 빛의 음영 처리로 부각시키는 조각상, 사진 기법을 이용한 연출 등 무궁무진하다. 특히 디자인의 완성은 소품들과 함께 조화를 이룸으로써 더욱 부각된다.

(2) 환타지아 분장(Fantastic Make-up)

환타지아 분장은 다양한 소재(펄, 반짝이, 아쿠아크림, 조각천 등)를 이용하여 강하면서도 화려하고 과장되게 이미지를 표현하여 작품의 효과를 높이고자 하는 기법이다. 실제와 상상의 세계를 교합하는 추상적 존재, 동물들의 형상화, 현실과 초현실을 연결하는 도구로서 발전되어 왔다. 특히 연극, 무용, 음악 등의 무대 예술에서 주로 표현되며 축제나 파티, 무도회 등 일상생활 속에서도 표현되고 있다.

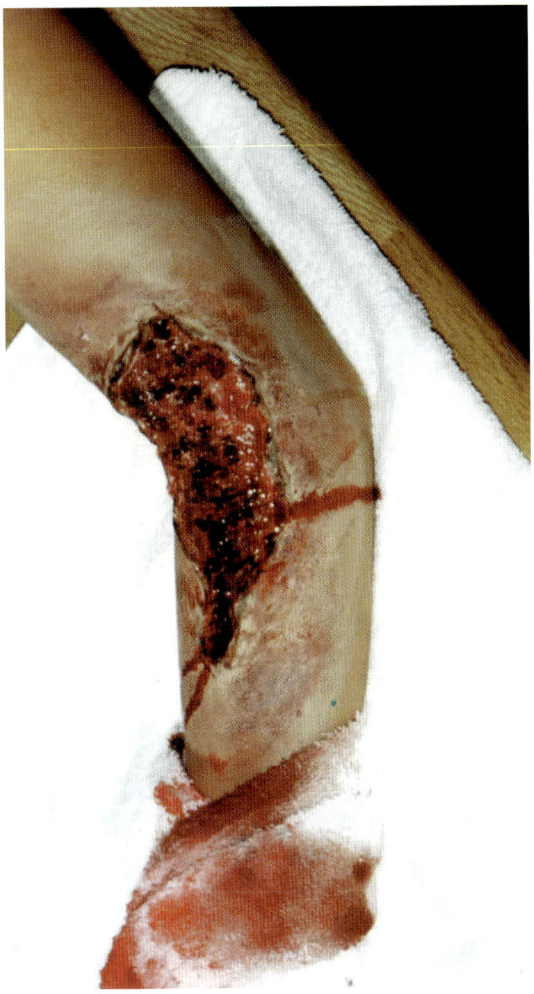

특수 효과 분장 (Special effect Make-up)

보철(補綴) 분장

3) 입체 분장

입체 분장은 특수한 재료들을 사용하여 안면이나 목, 손 등을 입체적으로 표현하는 조각적인 분장법으로 신체의 특수 부분을 조형하여 만들어 내는 것이다.

(1) 특수효과 분장(Special effect Make-up)

주름, 상처, 화상 등과 같이 신체의 일부를 변형하거나 초현실적인 괴물과 같이 신체 전체를 새롭게 구상하기 위해 라텍스, 더마왁스, 젤라틴 등 특수 제품을 사용하여 3차원적으로 표현하는 분장 기법이다.

(2) 보철(補綴) 분장(Prosthetic Make-up)

노즈퍼티나 더마왁스 등 피부에 직접 바르는 재료로는 얻을 수 없는 사실적이고 정교한 입체감이 있으며 얼굴의 모든 부분은 물론 목과 손까지 신체의 일부분 또는 전체 가면을 만들어 붙이는 입체 분장의 효과가 뛰어난 전문적인 방법이다.

3. 무대분장의 실제

무대분장을 하기 위해서는 먼저 공연의 종류와 특성을 잘 파악하여야 한다.

무대별 출연진들을 면밀히 분석하여 작품구상을 해야 하며 여러 종류의 분장기법 중 가장 효과적인 방법을 선택하여 작품디자인에 임해야 최대의 효과를 얻을 것이다. 즉 일반 분장으로 작업할 것인지 회화적 방법으로 시도하여야 할 것인지 아니면 조형적 효과를 가미한 입체분장을 할 것인지를 결정하여 작업 계획을 시도한 후 완성된 작품구상을 연기자의 얼굴에 맞도록 디자인하여야 한다.

무대 공연의 종류로는 연극(창작극, 창극, 성극, 번역극), 오페라(음악, 무용, 연극 등이 함께 어우러지는 극 형태), 발표회(패션쇼, 연주회 등) 및 기타 행위예술, 가장행렬 등이 있다.

무대는 연기자와 관객이 일정한 거리에서 호흡을 같이 하는 곳으로 조명, 음향, 효과 등이 주어지는 한정된 장소이다. 이러한 무대에 연기자의 분장은 강도 높은 분장을 해야하며 과장되게 표현해야 한다. 그리고 특징적 표현과 과감한 생략이 필요하며 시각적 효과에 초점을 두고 분장에 임해야 한다.

1) 일반 분장

(1) 보통분장

작품테마 : 클래식 발레
작품이미지 : 요정
주소재 : 일반 분장 제품

작품 구상의 실제

① 메이크업 베이스는 화장을 오래도록 지속시켜 주는 지용성보다는 스틱타입이나 팬케익타입을 선택하고 청순한 이미지가 돋보이도록 핑크색톤으로 표현한다.
② 눈썹과 아이섀도우는 일명 "새의 눈(like a bird)" 과 같이 눈을 아주 크고 과장되어 보이도록 아이홀을 크게 연장하고 입체감을 주어 강하게 표현한다.
③ 무대의 크기를 고려하여 노즈 섀도우로 입체감을 준다.
④ 볼터치는 와인색으로 음영을 많이 주고, 볼뼈는 흰색 파우더로 하이라이트를 준 후 붉은 와인색으로 볼뼈 위에 볼터치를 해준다.
⑤ 입술은 눈매가 크게 과장된 것을 고려하여 립라인을 다소 크고 윤곽을 또렷이 그려준 후 어두운 퍼플색으로 립스틱을 바른다.
입술 양옆선으로 흰색 연필로 그려주면 입술선이 더 정확하게 보여진다.

(2) 성격 분장

작품 테마 : 뮤지컬

작품 이미지 : 허생전의 허생

주 소재: 일반 분장 제품

작품 구상의 실제

① 가난한 양반이지만 사리가 분명하고 논리적인 인물 표현을 위해 얼굴의 전체적인 모습을 계란형으로 표현한다.

② 깨끗하고 지적인 이미지를 표현하기 위하여 피부색을 밝고 맑게 표현한다. 파운데이션은 밝은색을 사용하여 투명분으로 마무리 한다.

③ 약간 붉은 색조를 가미하여 볼에 혈색을 주고 아래로 긴일자 눈썹으로 현명함과 판단력, 관찰력이 정확한 인물로 표현한다.

④ 눈두덩이는 갈색으로 가볍게 표현하고 눈의 외곽을 뚜렷이 표현하여 눈의 모양이 깊고 예리해 보이도록 한다.

⑤ 코는 자신의 의지를 분명히 드러내어 표현하는 이미지를 연출하기 위하여 콧등은 곧고 밝게 표현하고 붉은색과 갈색의 립라이너로 정확한 입술선을 유지하여 도덕적인 성격, 단호함, 진지함을 표현한다.

⑥ 수염은 붙이지 않고 머리는 상투를 틀고 갓을 씌웠다.

2) 회화적 분장

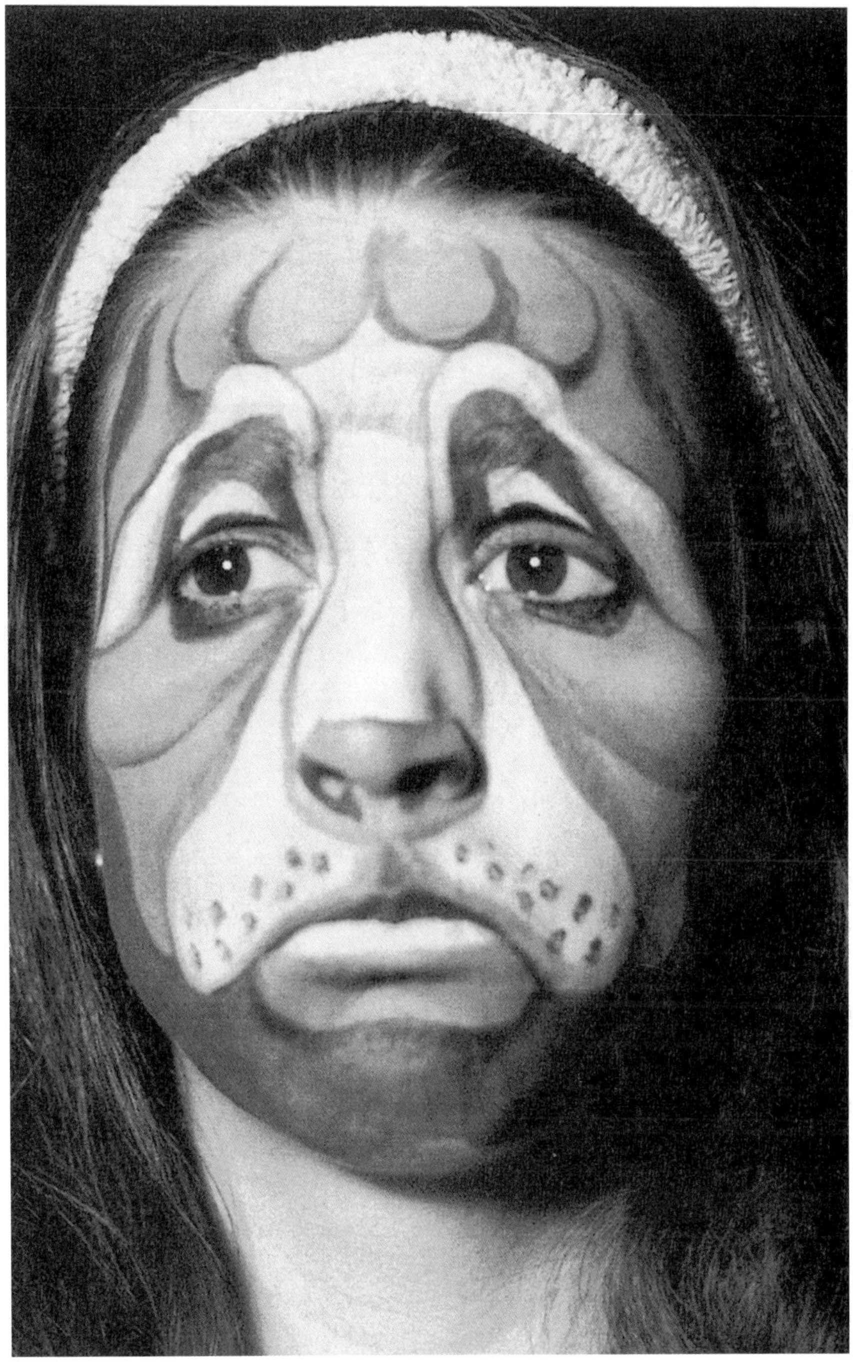

(1) 페인팅 분장

작품 테마 : 아동극

작품 이미지 : 오즈의 마법사, 토토

주 소재 : 아쿠아 크림, 아쿠아렐

작품 구상의 실제

① 개의 화면 가득한 정면 사진을 찾거나 직접 그린다.

② 구조에 익숙해지기 위해 중요한 평면이나 특징을 파악한다.

③ 모델의 얼굴과 개의 얼굴을 비교하여 차이점을 파악한다.

④ 개의 평면을 모델 얼굴 표면에 옮긴다. 눈과 입은 개의 얼굴이 더 커지고 더 작아지고 더 넓어지고 더 둥글어 지는 출발점이 된다. 모델 용모의 나머지 부분은 무시되고 개의 부분이 그 위에 자리잡는다.

⑤ 밝은 명암과 따뜻한 색은 돌출하는 면을 보여주고 어두운 명암과 차가운 색은 후퇴하는 면을 나타낸다는 원칙에 근거하여 색채 계획을 한다.

⑥ 모델의 눈썹을 아이브로우 왁스를 이용해 피부에 밀착시킨다.

⑦ 중간색으로 각 부분을 표시한다.

⑧ 가장 밝은 색부터 채워 넣는다. 그리고 어두운 색을 사용한다.

⑨ 하얀색을 자유롭게 사용하여 하이라이트를 표현한다.

⑩ 검정색의 분장용 색조로 검게 강조할 부분을 강조한다.

(2) 환타지아 분장

작품 테마: 패션쇼

작품 이미지: 고전적인 화려한 패션쇼

주 소재: 일반분장제품(반짝이, 펄,아쿠아크림 등)

작품 구상의 실제

① 피부톤은 다소 밝게 처리한다.

② 눈썹은 미리 아이브로우의 왁스로 감추어 둔다.

③ 흰색 데생연필로 스케치된 윤곽을 그린다.

④ 데생을 할 때 세세한 선보다는 큰 윤곽으로 단순화 된 문양을 선택한다.

⑤ 붉은 핑크톤으로 강한 입체 섀도우를 한다.

⑥ 붉은색으로 입술을 크고 선명하게 그린다.

⑦ 문양을 볼륨감과 입체감을 강하게 주기위해 아쿠아렐을 이용해 덧그려 준다.

⑧ 긴 속눈썹을 달아준 뒤 미간에 붉은 펫치를 붙인다.

⑨ 반짝이를 전체 안면에 뿌려주어 환상적인 이미지를 부각시킨다.

3) 조형적 분장

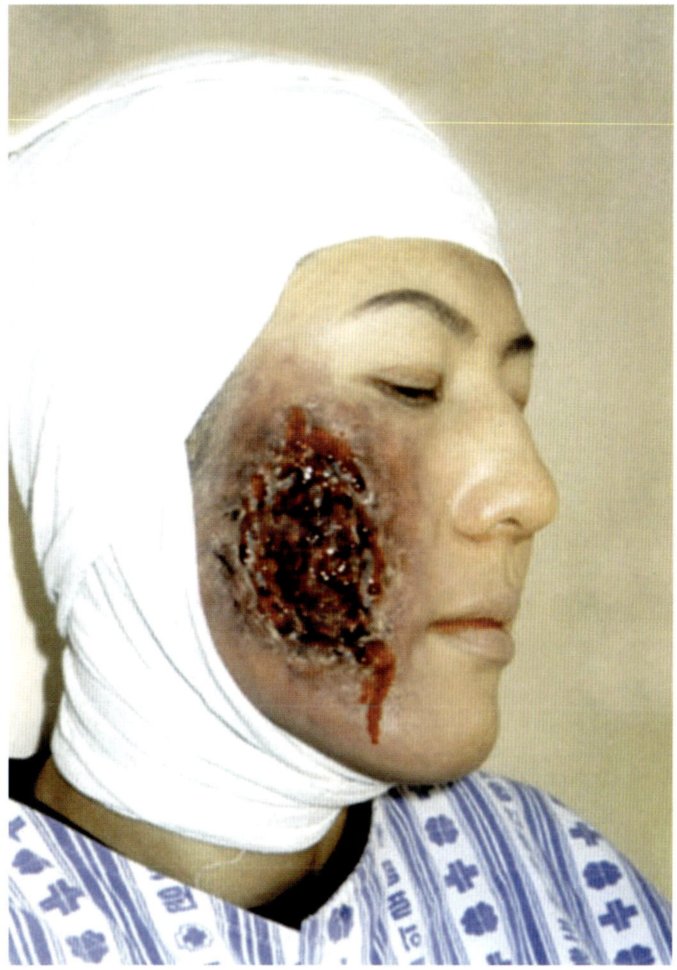

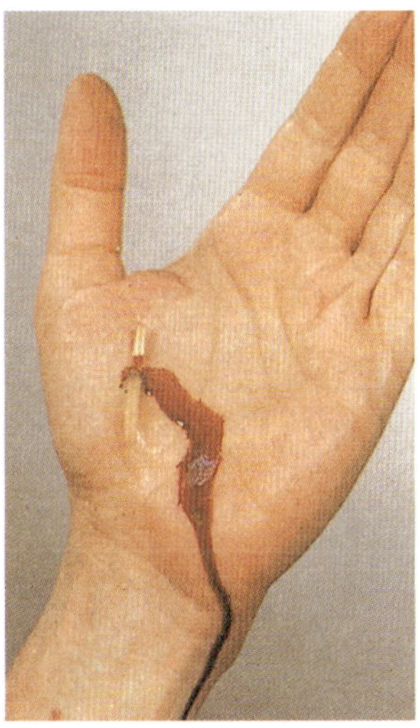

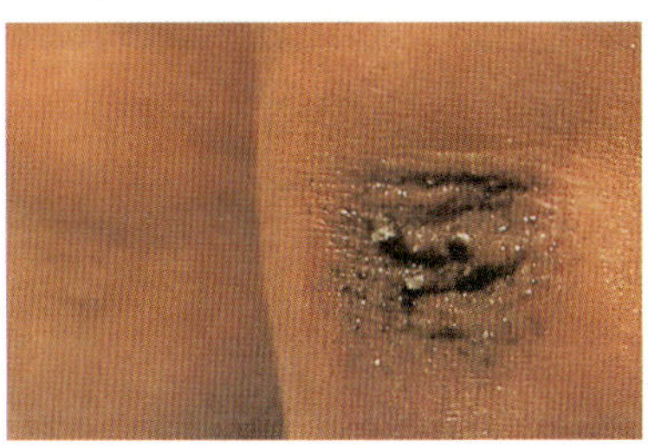

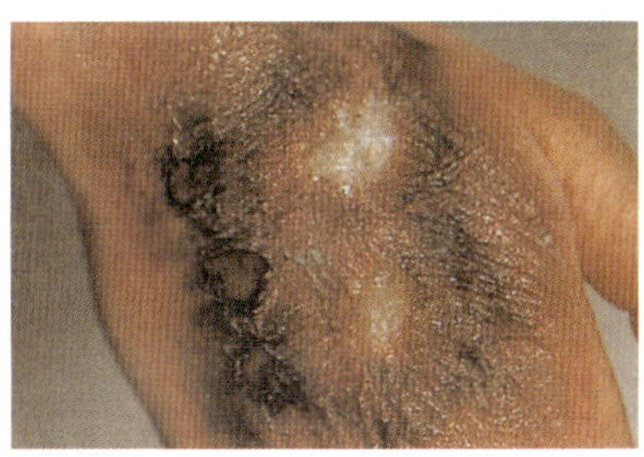

(1) 특수 효과 분장

작품 테마 : 연극

작품 이미지 : 안면 화상신

주 소재 : 라텍스, 인공피, 더마왁스, 티슈, 그레이스페인트, 기타

작품구상의 실제

① 안면 화상 부위를 먼저 스케치한다.
② 티슈를 적당한 크기로 가장자리만 스프리트검으로 부착한다.
③ 더마왁스를 티슈의 테두리에 자연스럽게 붙인다.
④ 라텍스를 덧발라 티슈에 불규칙한 입체감을 준다.
⑤ 그레이스 페인트(grease paint)의 검정, 자주, 빨강, 갈색 등을 섞어 티슈 인조 피부의 가장자리를 그라데이션 한다.
⑥ 인조피를 부분 부분사용하여 사실감을 표현한다.
⑦ 중간 중간 찢어서 피부가 데인 모습을 표현하고 상처에 밝은 노란색을 섞어서 화농상태의 화상도 표현한다.
⑧ 화상 상처 주변도 붉은색을 섞은 파운데이션을 처리하여 더욱 사실적으로 표현한다.

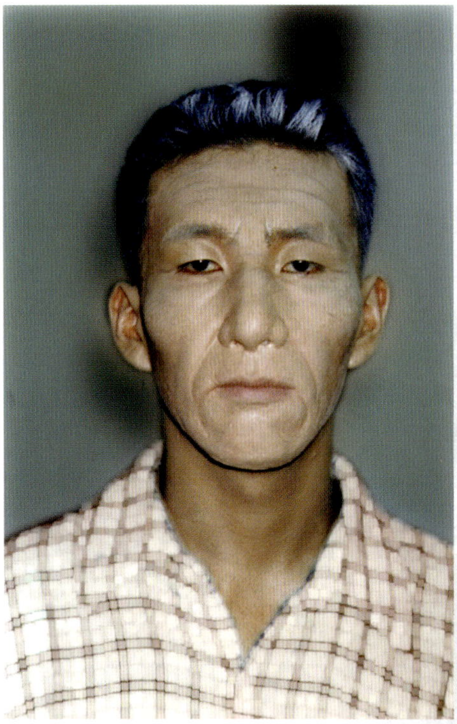

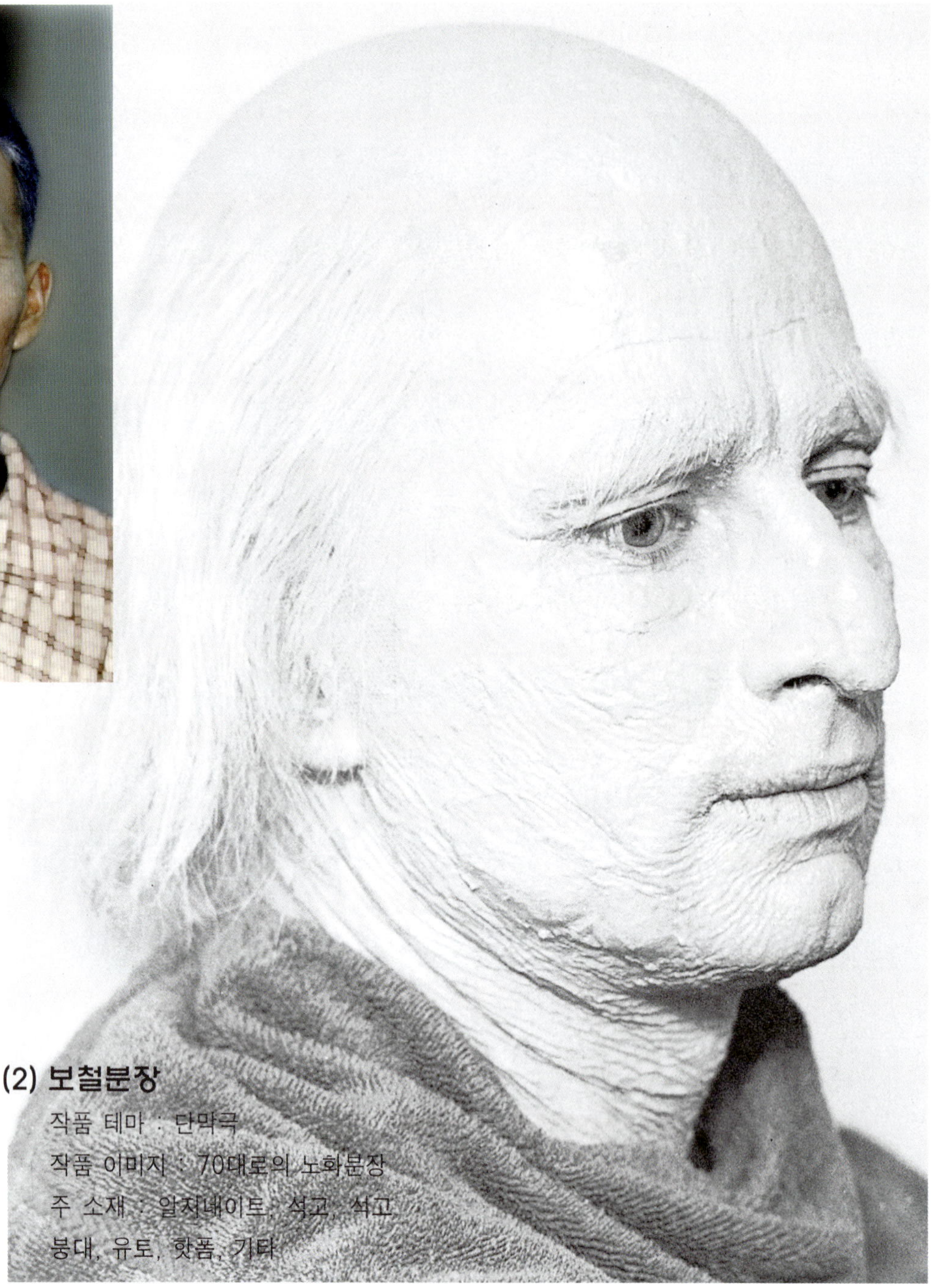

(2) 보철분장

작품 테마 : 단막극
작품 이미지 : 70대로의 노화분장
주 소재 : 알지네이트, 석고, 석고 붕대, 유토, 핫폼, 기타

작품 구상의 실제

① 70대 남성 노인의 모습을 잡지나 사진으로 직접 입수하여 연기자의 사진과 비교하여 스케치한다.
② 알지네이트와 석고붕대를 이용하여 안면 마스크를 떠낸다.
③ 떠낸 안면 마스크에 석고를 붓고 말린다.
④ 석고 마스크에 유토를 입혀가며 노화된 얼굴의 스케치를 이용하여 조형작업을 한다(코밑 주름 처리, 땀구멍 처리).
⑤ 조형작업된 마스크 위에 석고를 다시 부어 음각틀을 만든다.
⑥ 조형작업시 사용된 유토를 제거한 후 양각틀과 음각틀 사이에 핫폼 또는 라텍스를 이용하여 음각틀 사이에 붓고 조형으로 창조된 새로운 마스크를 떠낸다.
⑦ 조형되어진 마스크의 일부분을 정교하게 안면에 이식시킨다.
⑧ 안면과 조형되어진 마스크가 잘 조화되도록 완성시킨다.

메이크업 용어사전

1. T존

이마에서 콧대에 걸친 T자 모양의 범위를 가리킨다. 피지분비가 활발한 부분이므로 메이크업 후 자주 수정해야 할 곳이다. 하이라이트를 주어 밝게 표현해야 한다.

2. 콧대

미간에서부터 콧마루까지의 세로선을 가리킨다. 메이크업할 때 이곳에 하이라이트를 주면 코가 높아 보인다.

3. V존

볼에서 입꼬리 주변, 턱을 잇는 V자 모양의 부위. U존이라고도 한다. 다른 부위보다 건조해 파운데이션을 두껍게 바르면 들뜨기 쉽다.

4. 머리카락이 난 부분

귀의 위에서부터 이마에 걸친 얼굴 윤곽선.파운데이션을 바를 때 경계가 생기지 않도록 주의해야 한다.

5. 눈썹머리

눈썹의 안쪽 부분. 눈머리와 동일 선상에 오는 것이 기본으로 눈의 표정을 결정하는 중요한 포인트다. 눈썹을 다듬을 때도 머리부분은 되도록 건드리지 않는 것이 좋다.

6. 눈썹산

눈썹의 가장 높은 위치로 얼굴의 입체감을 좌우하는 곳이다. 검은 눈동자 바깥쪽의 연장선을 기준으로 정한다. 이곳의 각도나 그리는 방법에 따라 표정이 확 바뀐다.

7. 눈썹꼬리

눈썹의 바깥부분. 콧망울의 옆과 눈꼬리를 연결한 연장선상에 위치하는 것이 가장 이상적이다. 꼬리 끝부분은 가늘게 흐르도록 한다.

8. 눈머리(눈구석)

눈의 안쪽부분이다. 아이 메이크업을 할 때, 이 부분은 아이섀도우와 아이라인을 조심스럽게 그리는 것이 철칙이다.

9. 눈꼬리(눈초리)

눈의 바깥부분을 가리킨다. 이곳에 음영을 주는 방법에 따라 인상이 상당히 달라지므로 아이섀도우나 아이라인을 그릴 때 신중해야 할 부분이다. 잔주름이 생기기 쉬운 곳이므로 케어에도 만전을 기해야 한다.

10. 아이홀

위 눈두덩의 움푹 패인 부분. 눈두덩이 부은 듯한 사람도 만져보면 움푹 들어 간 부분일을 알 수 있다. 이곳은 아이섀도우를 펴 바르는 기준이 된다.

11. 눈시울

상하 눈의 윤곽 부분, 즉 속눈썹이 난 곳을 일컫는다. 아이라인은 이곳을 따라 긋는다.

12. 광대뼈

볼의 뼈가 높게 튀어나와 있는 반달형 부분. 이 위치를 중심으로 블러셔를 어떤 각도로 펴 바르는가에 따라 인상이 달라 보인다.

13. 구각(입꼬리)

윗입술과 아랫입술이 만나는 양 끝 부분. 이곳이 살짝 올라가 있어야 좋은 인상이다.

14. 입술산

윗입술 중앙의 움푹 패인 부분을 가리킨다. 립스틱으로 그리는 형태에 따라 얼굴의 이미지가 변한다.

15. 입술윤곽(입술선)

상하 입술의 윤곽을 가리킨다. 문제가 있는 경우는 이 선을 파운데이션으로 지우고 윤곽을 다시 그려 립스틱을 바름으로써 수정할 수 있다.

16. 코 벽

콧대의 양 옆면을 일컫는다. 눈썹머리부터 이곳을 따라 섀도우를 주면 콧대가 서 보여 입체적으로 보인다.

17. Y존

눈 밑,광대뼈 위의 Y자 모양의 부위. 피부가 얇고 움직임이 많아서 파운데이션을 얇게 펴 발라야 뭉치지 않는다. 이곳을 밝게 표현하면 얼굴이 밝아 보인다.

18. S존

귓불 밑에서 아래 턱뼈에 이르는 S자 모양의 부위. 이곳에 파우더로 섀도우를 주는 방법에 따라 얼굴윤곽이 달라진다.

찾아보기

INDEX

참고문헌

1. 국내 문헌

1) 郭大雄 등, 1990, 디자인 · 공예 대사전.
2) 김경순, 메이크업, 1995, 청구문화사.
3) 김영자, How to Make-up, 1998, 열두사람.
4) 김진현, 1995, 무대공연에 나타난 분장의 실제(허생전을 중심으로), 경원대학교 응용미술학과 섬유미술전공 석사학위논문.
5) 김학성, 1995, 디자인을 위한 색체, 조형사.
6) 김효정, 메이크업, 1998, 학연사.
7) 김희숙, 이은임, 메이크업과 패션, 수문사.
8) 文藝振興院編, 1991, 文化藝術, 韓國文化藝術振興院.
9) 朴秀明, 1982, 扮裝의 基本과 技術, 서울예술대학.
10) 윤길순, 세계패선사, 자작아카데미.
11) 윤일주, 1974, 색채학 입문, 민음사.
12) 윤학노 옮김, 질지라르외, 1988, 연극이란 무엇인가, 고려원 문화총서.
13) 정흥숙, 서양복식문화사, 교문사.
14) 조은별, 20세기 화장문화에 대한 연구, 이화여대 의류직물학과 석사논문.
15) 한명숙, 무대분장의 구상에 대한 연구, 1998, 대구대 미술대학 석사논문.
16) Teruko Kobayashi, The Best Make up, 유신문화사,
17) Decorated Skin. 1997, A World Survey of Body Art(Karl groning).

2. 국외문헌

1) Blanch payne, 1965, History of Costume, New York : Happer & Row Publishers.
2) Bobbi Ray. M. 1979, The Art & Science of Proffessional Makeup, N. Y. Stan cmpbel Place.
3) 春山行夫, 1976, History of beauty culture, 東京 : 平凡社.
4) Irene Corey, 1990, The face is a canvas, Anchorage Press.
5) Jan Kette, 1987, The Hamlyn Basic Guide to MAKE-UP, HAMLYN.
6) 雅聲, 1983, 舞臺藝術入門, 그루.
7) Katherine Morris Lester, 1970, History costume, Illinois : Char. A. Bennetle Ine.
8) Mary Lou Rosencranz, 1972, Clothing concepts, Macmillan Publishing Co., Inc.
9) Richard Corson, 1986, STAGE MAKE-UP, Prentice-Hall Inc., Englewood Cliffs, New Jersey.
10) Richard corson, 1990, The face is a canvas.

3. 협 찬

크리오란 코리아

오브제(95년 작품)

김혜연 웨딩모드 (97년 작품)

한명숙(Han Myung Sook)

現
- 대구대학교 조형예술학 박사 졸업
- 국제 메이크업 분장 공인 (CIDESCO) 자격 취득
- 개인전 (예술의 전당. 프랑스. 대구. 부산) 및 초대전 다수
- 아시아 미술대전 초대 작가 및 운영위원
- 40계단 문화관 자문위원
- 한국 메이크업 디자인학회 학술운영 위원장
- 한국 미용학회 편집위원
- 한국 색채학회 영남지회 부회장
- 호당미술관 연구원. 대구회화제 정회원
- 동주대학 미용계열 조교수

著
- 마뀌아쥬 예술 (1999. 청구문화사)
- 헤어메이크업 일러스트레이션 (2000. 청구문화사)
- 디자이너를 위한 색채실기 (2001. 학문사)
- 뷰티 컬러리스트 실기 (2003. 동주대학 출판부)
- 웨딩 코디네이트를 위한 웨딩보떼 (2003. 청구문화사)
- 색과 뷰티메이크업 (2004. 세종 출판사)
- 스타일리스트를 위한 이미지 메이킹 (2004. 예림출판사)
- The Body Art (2006. 청구문화사)
- 응용메이크업 실기 (2006. 세종출판사)
- 색과 기초메이크업 (2006. 세종 출판사)

마뀌아쥬 예술

1999년 10월 30일 초판발행
2001년 2월 20일 개정판발행
2003년 3월 10일 개정3판발행
2007년 3월 10일 개정4판발행
2011년 3월 10일 개정5판발행

지은이, 한 명 숙
펴낸이, 이 상 태
펴낸곳, 청구문화사
일러스트, 손 만 식
주소 : 서울특별시 서대문구 연희 1동 436-1
전화 : 02)332-0541(代) FAX : 02)337-9577
등록 : 1990년 11월 2일 제9-247호

가격 35,000원

ISBN 978-89-5616-420-5 93590